绿色建筑增量造价指标

LÜSE JIANZHU ZENGLIANG ZAOJIA ZHIBIAO

住房和城乡建设部标准定额研究所
浙江省建设工程造价管理总站 主编

中国计划出版社
北 京

图书在版编目（CIP）数据

绿色建筑增量造价指标 / 住房和城乡建设部标准定额研究所，浙江省建设工程造价管理总站主编. -- 北京 : 中国计划出版社，2022.8
ISBN 978-7-5182-1475-4

Ⅰ. ①绿… Ⅱ. ①住… ②浙… Ⅲ. ①生态建筑一建筑造价指标(元/平方米) Ⅳ. ①TU-023②TU723.32

中国版本图书馆CIP数据核字(2022)第140335号

责任编辑：刘　涛　李晴文　　封面设计：韩可斌
责任校对：王　巍　　责任印制：李　晨　王亚军

中国计划出版社出版发行
网址：www.jhpress.com
地址：北京市西城区木樨地北里甲11号国宏大厦C座3层
邮政编码：100038　电话：（010）63906433（发行部）
北京市科星印刷有限责任公司印刷

880mm×1230mm　1/16　6.25印张　193千字
2022年8月第1版　2022年8月第1次印刷

定价：46.00元

前　言

根据住房和城乡建设部《关于印发2018年工程计价依据编制计划和工程造价管理工作计划的通知》（建办标函〔2018〕35号）的要求，住房和城乡建设部标准定额研究所、浙江省建设工程造价管理总站会同有关单位编制了《绿色建筑增量造价指标》，为绿色建筑工程编制项目建议书、可行性研究报告和方案比选、优化设计提供技术经济参考指标，促进绿色建筑的推广和建设。

《绿色建筑增量造价指标》由浙江省建设工程造价管理总站负责管理和解释，请各单位在执行过程中，注意积累资料，认真总结经验，将有关意见及时反馈浙江省建设工程造价管理总站。

2022年1月

主编单位、参编单位和编审人员

主编单位：

住房和城乡建设部标准定额研究所

浙江省建设工程造价管理总站

参编单位：

宁波市建筑市场管理服务总站

浙江金诚工程造价咨询事务所有限公司

浙江中诚工程管理科技有限公司

万邦工程管理咨询有限公司

建经投资咨询有限公司

浙江华夏工程管理有限公司

浙江五洲工程顾问集团有限公司

杭州恒正造价工程师事务所

浙江天健工程造价咨询有限公司

浙江科佳工程咨询有限公司

耀华建设管理有限公司

浙江江南工程管理股份有限公司

浙江华是科技股份有限公司

编制人员：

邓文华　季　挺　蔡临申　蔡红伟　郑宽善　蔡立峰　陈俊宇　丁　锋

马巧兰　范　荣　梁建宽　麻明明　林敏敏　徐　成　何　颖　张秀敏

方　波　洪纯珩　庄建波　颜万春　邹　娟　徐　佳　何薛平　熊卓亚

陈　莉　陈子杭　郦其根　吴敏彦　张美娟　束　杨　宋　晔　高姗姗

钱　骋　范　明　柴恩海　冷鹏飞　陈朝阳　唐　惟　林志军　张立亮

蔡慧平　张姝玲　王豫婉　徐梦熊　王书鹏　王国彦　孙　燕　卢　扬

审查人员：

唐亚丽　孙　璐　张　莉　徐佩莹　王兆健　李　慧　赵　捷

总 说 明

一、推进绿色建筑发展是加快生态文明建设、走新型城镇化道路的重要体现，是实现节能减排和应对气候变化的有效举措。为深入贯彻落实创新、协调、绿色、开放、共享的发展理念，助推城乡建设领域碳达峰碳中和行动目标实现，制定《绿色建筑增量造价指标》（以下简称“本指标”）。

二、本指标可作为绿色建筑工程编制项目建议书、可行性研究报告和方案比选、优化设计等的参考。

三、本指标内容包括绿色建筑增量造价参考指标、绿色建筑典型工程增量造价指标和附录三个部分。

四、编制依据：

1.《绿色建筑评价标准》GB/T 50378。

2. 国家及行业现行有关标准、规范和规程。

3. 有代表性的绿色建筑工程设计相关资料等。

五、相关说明：

1. 本指标所指居住建筑包含住宅、宿舍（公寓）等。

2. 本指标所指公共建筑包含办公建筑、旅馆酒店建筑、商业建筑、文化建筑、教育建筑、体育建筑、卫生建筑、科研建筑、交通建筑等。

3. 本指标所指绿色建筑增量造价是建设项目依据《绿色建筑评价标准》GB/T 50378 的要求，将绿色建筑技术措施与传统建筑技术措施进行对比产生的增量造价。

六、本指标按照 2021 年 1 月的市场价格编制。

七、本说明未尽事宜详见各章说明。

目　录

1　绿色建筑增量造价参考指标

说　　明

一、本章内容包括绿色建筑增量造价综合参考指标和绿色建筑技术增量造价单项参考指标。

二、绿色建筑增量造价综合参考指标中的绿色建筑等级划分，依据《绿色建筑评价标准》GB/T 50378—2019 分为基本级、一星级、二星级、三星级。

三、本章所指绿色建筑增量造价指标是按拟评定绿色建筑的建筑面积为基数进行计算的。

四、本章绿色建筑增量造价综合参考指标测算时未列入预拌混凝土、预拌砂浆、全装修、无障碍通行等技术措施的增量造价。

五、本章指标综合考虑我国不同地区采用的绿色建筑技术措施及不同材料品牌等因素。

1.1 绿色建筑增量造价综合参考指标

序号	类别	绿色建筑等级	绿色建筑增量造价指标（元／m^2）				
			严寒地区	寒冷地区	夏热冬冷地区	夏热冬暖地区	温和地区
1	居住建筑	基本级	0 ~ 14	0 ~ 13	0 ~ 12	0 ~ 12	0 ~ 12
		一星级	18 ~ 55	17 ~ 50	15 ~ 45	15 ~ 40	12 ~ 40
		二星级	46 ~ 175	44 ~ 165	40 ~ 150	40 ~ 145	35 ~ 145
		三星级	160 ~ 340	150 ~ 330	140 ~ 300	120 ~ 290	110 ~ 290
2	公共建筑	基本级	0 ~ 18	0 ~ 17	0 ~ 15	0 ~ 15	0 ~ 15
		一星级	25 ~ 55	22 ~ 50	20 ~ 45	20 ~ 40	15 ~ 40
		二星级	75 ~ 210	72 ~ 200	65 ~ 180	60 ~ 170	50 ~ 170
		三星级	300 ~ 430	290 ~ 420	270 ~ 380	260 ~ 370	240 ~ 370

1.2 绿色建筑技术增量造价单项参考指标

序号	所属类别	绿色技术措施	绿色技术工艺		传统技术工艺		增量造价	备注
			主要技术特征	造价	主要技术特征	造价		
1	安全耐久	土壤氡气检测	检测数：16 ~ 96 点	200 ~ 300 元 / 点位	—	—	200 ~ 300 元 / 点位	与项目占地面积、规模有关
			检测数：96 ~ 320 点	100 ~ 200 元 / 点位	—	—	100 ~ 200 元 / 点位	
			检测数：320 点以上	40 ~ 100 元 / 点位	—	—	40 ~ 100 元 / 点位	
		安全玻璃	安全玻璃	—	普通玻璃	—	10 ~ 30 元 /m^2	本处的面积指玻璃面积
		防滑措施	防滑条	5 ~ 45 元 /m	—	—	5 ~ 45 元 /m	1. 与防滑条做法有关； 2. 本处的长度指防滑条长度
			防滑地砖	80 ~ 200 元 /m^2	普通地砖	50 ~ 100 元 /m^2	30 ~ 100 元 /m^2	1. 与地砖品牌、规格有关； 2. 本处的面积指防滑地砖面积
		采用高耐久性建筑结构材料	高耐久性混凝土	460 ~ 1 000 元 /m^3	普通混凝土	380 ~ 850 元 /m^3	80 ~ 150 元 /m^3	与混凝土强度等级有关
			耐候型防腐涂料	80 ~ 160 元 /m^2	普通防腐涂料	30 ~ 80 元 /m^2	50 ~ 80 元 /m^2	1. 与涂料品种、品牌、涂布率有关； 2. 本处的面积指喷涂面积

续表

序号	所属类别	绿色技术措施	绿色技术工艺		传统技术工艺		增量造价	备注
			主要技术特征	造价	主要技术特征	造价		
2	健康舒适	可调节遮阳	活动机翼遮阳	1 000 ~ 2 500 元 /m²	—	—	1 000 ~ 2 500 元 /m²	1. 与品牌、工程量、控制方式有关； 2. 控制方式有手动和电动； 3. 本处的面积指遮阳面积
			织物卷帘外遮阳	200 ~ 600 元 /m²	—	—	200 ~ 600 元 /m²	
			金属卷帘外遮阳	500 ~ 1 500 元 /m²	—	—	500 ~ 1 500 元 /m²	
			中置百叶遮阳	800 ~ 1 500 元 /m²	中空玻璃窗	600 ~ 1 000 元 /m²	200 ~ 500 元 /m²	1. 与品牌、工程量有关； 2. 本处的面积指遮阳面积
		空气净化装置	空气净化器	3 000 ~ 20 000 元 / 台	—	—	3 000 ~ 20 000 元 / 台	与品牌、洁净空气量、净化耐久性有关
		地下室空气质量监测	在地下车库设置 CO 浓度监测装置且与排风设备联动	2 000 ~ 4 000 元 / 点位	—	—	2 000 ~ 4 000 元 / 点位	与工程规模、实施数量有关
		室内声环境优化	浮筑楼板	800 ~ 1 200 元 /m²	—	—	800 ~ 1 200 元 /m²	1. 与隔振材料（器件）、品牌有关； 2. 本处的面积指铺设面积
			墙面隔声装置	50 ~ 220 元 /m²	—	—	50 ~ 220 元 /m²	
3	生活便利	充电桩	电动汽车充电桩 慢充	2 800 ~ 6 000 元 / 套	—	—	2 800 ~ 6 000 元 / 套	1. 与品牌、功率、做法有关； 2. 从充电桩配电箱出线开始计算相关费用
			电动汽车充电桩 快充	20 000 ~ 40 000 元 / 套	—	—	20 000 ~ 40 000 元 / 套	
		全龄友好设施	儿童游乐设施	50 000 ~ 350 000 元 / 组	—	—	50 000 ~ 350 000 元 / 组	与品牌、组合搭配方式有关
			安全胶垫	105 ~ 650 元 /m²	—	—	105 ~ 650 元 /m²	1. 与安全胶垫厚度、品牌有关； 2. 本处的面积指安全胶垫面积
			塑胶垫	105 ~ 650 元 /m²	—	—	105 ~ 650 元 /m²	1. 与塑胶垫厚度、品牌有关； 2. 本处的面积指塑胶垫面积
		室内空气质量监测	对室内 CO_2 浓度进行监测并与通风系统联动	2 000 ~ 4 000 元 / 点位	—	—	2 000 ~ 4 000 元 / 点位	与工程规模、实施数量有关
		专用健身慢行道	宽度不小于 1.25m	350 ~ 800 元 /m²	—	—	350 ~ 800 元 /m²	1. 与做法有关； 2. 本处的面积指慢行道面积

续表

序号	所属类别	绿色技术措施	绿色技术工艺		传统技术工艺		增量造价	备注
			主要技术特征	造价	主要技术特征	造价		
4	资源节约	混凝土	预拌混凝土	380 ~ 850 元 /m^3	现拌混凝土	320 ~ 630 元 /m^3	60 ~ 220 元 /m^3	与混凝土强度等级有关
		砂浆	预拌砂浆	420 ~ 700 元 /m^3	现拌砂浆	260 ~ 500 元 /m^3	160 ~ 200 元 /m^3	与砂浆强度等级有关
		围护结构热工性能指标	比现行节能标准提高 5%	—	现行节能标准要求	—	5% ~ 15%	—
			比现行节能标准提高 15%	—	现行节能标准要求	—	15% ~ 20%	—
			比现行节能标准提高 20%	—	现行节能标准要求	—	20% ~ 25%	—
		节能与能源综合利用	热回收新风机组 居住建筑	1 500 ~ 2 000 元 / 户	—	—	1 500 ~ 2 000 元 / 户	热回收效率不低于 60%
			热回收新风机组 公共建筑	4 ~ 6 元 /（m^3/h）	普通新风机组	2 ~ 3 元 /（m^3/h）	2 ~ 3 元 /（m^3/h）	
			蓄冷蓄热系统	380 ~ 600 元 /m^2	普通水冷空调系统	300 ~ 400 元 /m^2	80 ~ 200 元 /m^2	1. 30% 蓄能； 2. 含冷热源及末端的整套系统； 3. 本处的面积指制冷（热）面积
			地源热泵系统	380 ~ 550 元 /m^2	普通水冷空调系统	300 ~ 400 元 /m^2	80 ~ 150 元 /m^2	1. 30% 地源散热； 2. 含冷热源及末端的整套系统； 3. 本处的面积指制冷（热）面积
			水源热泵系统	340 ~ 480 元 /m^2	普通水冷空调系统	300 ~ 400 元 /m^2	40 ~ 80 元 /m^2	1. 30% 水源散热； 2. 含冷热源及末端的整套系统； 3. 本处的面积指制冷（热）面积
			空气源热泵系统（生活热水） 居住建筑	2 000 ~ 6 000 元 / 户	—	—	2 000 ~ 6 000 元 / 户	与处理水量、空气源热水器的功率及品牌有关
			空气源热泵系统（生活热水） 公共建筑	—	电热水器或者燃气热水器	—	20% ~ 25%	
			太阳能热水系统 居住建筑	1 000 ~ 5 000 元 / 户	—	—	1 000 ~ 5 000 元 / 户	与品牌、集热器面积、水箱容量有关
			太阳能热水系统 公共建筑	—	电热水器或者燃气热水器	—	20% ~ 25%	
			太阳能光伏发电系统 平屋面	3 ~ 8 元 /Wp	—	—	3 ~ 8 元 /Wp	1. 本处按并网发电考虑； 2. 离网发电比并网发电高 20%
			太阳能光伏发电系统 建筑立面	4 ~ 12 元 /Wp	—	—	4 ~ 12 元 /Wp	
			太阳能光伏发电系统 坡屋面	4 ~ 10 元 /Wp	—	—	4 ~ 10 元 /Wp	
			幕墙通风器	380 ~ 500 元 /m	—	—	380 ~ 500 元 /m	1. 与品牌、实施数量有关； 2. 本处的长度指通风器长度

续表

序号	所属类别	绿色技术措施	绿色技术工艺		传统技术工艺		增量造价	备注
			主要技术特征	造价	主要技术特征	造价		
4	资源节约	雨水回收利用	模块蓄水池	250 000 ~ 400 000 元 / 套	—	—	250 000 ~ 400 000 元 / 套	1. 与模块蓄水池做法、模块大小、设备品牌、管线长度等有关； 2. 本处每套按模块蓄水池容积 $100m^3$ 以内考虑
		中水回用	膜处理法	4 000 ~ 5 000 元 /m^3	—	—	4 000 ~ 5 000 元 /m^3	1. 与处理原水量大小有关； 2. 本处的体积指处理水量
			生物反应器处理法	3 000 ~ 4 000 元 /m^3	—	—	3 000 ~ 4 000 元 /m^3	1. 与处理原水量大小有关； 2. 本处的体积指处理水量
		节水灌溉	喷灌	10 ~ 25 元 /m^2	人工浇灌	5 ~ 10 元 /m^2	5 ~ 15 元 /m^2	1. 喷灌覆盖面积不少于绿化面积的 90%； 2. 本处的面积指节水灌溉面积
			微灌、滴灌	40 ~ 80 元 /m	—	—	40 ~ 80 元 /m	1. 与管道长度、水源距离有关； 2. 本处的长度指管道长度
		节水器具	用水效率不低于 2 级	—	普通器具	—	10% ~ 15%	与品牌有关
		屋面	安全玻璃采光屋面	800 ~ 2 000 元 /m^2	混凝土屋面	300 ~ 800 元 /m^2	500 ~ 1 200 元 /m^2	1. 与品牌、实施数量有关； 2. 本处的面积指屋面面积
		高效变频风机和水泵	变频装置	1 000 ~ 3 000 元 /kW	—	—	1 000 ~ 3 000 元 /kW	1. 与品牌有关； 2. 本处的功率指水泵、风机的功率
		智能照明控制系统	分区、定时、感应：照度、照明密度	1 200 ~ 1 500 元 / 回路	—	—	1 200 ~ 1 500 元 / 回路	1. 与品牌有关； 2. 本处的回路指控制系统的回路
		能耗监测	能耗监测系统	2 500 ~ 5 000 元 / 点位	—	—	2 500 ~ 5 000 元 / 点位	1. 与实施数量有关； 2. 不含独立监控机房
		用水计量	按用途设置	—	—	—	150 ~ 800 元 / 套	与计量器具品种、数量有关
		光导照明	平均采光系数大于 0.5%、地下室面积大于 5%	1 500 ~ 5 000 元 / 套	—	—	1 500 ~ 5 000 元 / 套	与品牌、导光管管道长度有关

续表

序号	所属类别	绿色技术措施	绿色技术工艺		传统技术工艺		增量造价	备注
			主要技术特征	造价	主要技术特征	造价		
5	环境宜居	海绵城市	彩色透水混凝土（120mm 厚混凝土）	150 ~ 200 元 /m^2	普通混凝土（120mm 厚混凝土）	80 ~ 110 元 /m^2	70 ~ 90 元 /m^2	1. 与品牌、透水率有关； 2. 本处的面积指透水铺装面积
			改性透水沥青（50mm 厚沥青面层）	110 ~ 130 元 /m^2	普通沥青（50mm 厚沥青面层）	70 ~ 80 元 /m^2	40 ~ 50 元 /m^2	1. 与品牌、透水率有关； 2. 本处的面积指透水铺装面积
			半透水砖（车载）	140 ~ 180 元 /m^2	普通砖	80 ~ 100 元 /m^2	60 ~ 80 元 /m^2	1. 与品牌、透水率有关； 2. 本处的面积指透水铺装面积
			半透水砖（人行）	90 ~ 120 元 /m^2	普通砖	80 ~ 100 元 /m^2	10 ~ 20 元 /m^2	
			透水砖（人行）	260 ~ 400 元 /m^2	普通砖	80 ~ 100 元 /m^2	180 ~ 300 元 /m^2	本处的面积指透水铺装面积
			人工湿地	1 000 ~ 2 300 元 /m^2	普通绿化	100 ~ 300 元 /m^2	900 ~ 2 000 元 /m^2	1. 与选用的水生植物、设备处理能力等有关； 2. 本处的面积指湿地面积
			雨水花园	300 ~ 500 元 /m^2	—	—	300 ~ 500 元 /m^2	1. 与生物滞留设施类型有关； 2. 本处的面积指雨水花园面积
		屋顶绿化	轻型屋面覆土厚度 300 ~ 600mm	200 ~ 600 元 /m^2	无绿化，普通防水做法	30 ~ 50 元 /m^2	170 ~ 550 元 /m^2	1. 未考虑荷载引起的结构差异费用； 2. 与覆土厚度、绿化配置有关； 3. 本处的面积指绿化面积
			重型屋面覆土厚度 800 ~ 1 200mm	800 ~ 1 200 元 /m^2			770 ~ 1 150 元 /m^2	
		垂直绿化	传统型或传统辅助型：攀缘植物和垂吊植物	30 ~ 100 元 /m^2	—	—	30 ~ 100 元 /m^2	1. 与攀缘植物品种、栽培方式、植物造型及绿化浇灌养护方式有关； 2. 本处的面积指绿化面积
			装配式种植模块（钢结构主龙骨）	800 ~ 3 000 元 /m^2	—	—	800 ~ 3 000 元 /m^2	1. 与植物品种、栽培方式、植物造型、绿化浇灌养护方式及骨架形式有关； 2. 本处的面积指绿化面积

续表

序号	所属类别	绿色技术措施	绿色技术工艺			传统技术工艺		增量造价	备注
			主要技术特征		造价	主要技术特征	造价		
6	提高与创新	预制装配式构件	装配率为 50%		—	现浇混凝土构件	—	210 ~ 360 元 /m^2	1. 本处的面积指 ±0.00 以上主体结构建筑面积； 2. 评价标准参照《装配式建筑评价标准》GB/T 51129—2017
			装配率为 60%（A 级装配式建筑）		—	现浇混凝土构件	—	320 ~ 430 元 /m^2	
			装配率为 76%（AA 级装配式建筑）		—	现浇混凝土构件	—	335 ~ 520 元 /m^2	
			装配率为 91%（AAA 级装配式建筑）		—	现浇混凝土构件	—	420 ~ 600 元 /m^2	
		建筑信息模型（BIM）技术	规划设计、施工、运营阶段应用 BIM 技术，实现数据共享并协同工作		10 ~ 55 元 /m^2	—	—	10 ~ 55 元 /m^2	1. 与实施阶段、工程量大小、工程特点及 BIM 技术应用等级、应用深度有关； 2. 本处的面积指应用 BIM 技术的建筑面积
		绿色建筑设计、咨询、认证全过程	居住建筑	一星级	100 000 ~ 150 000 元 / 项目	—	—	100 000 ~ 150 000 元 / 项目	1. 与项目复杂度、建筑类型、实施项目建筑面积、楼栋数有关； 2. 不含检测费用
				二星级	150 000 ~ 250 000 元 / 项目	—	—	150 000 ~ 250 000 元 / 项目	
				三星级	250 000 ~ 500 000 元 / 项目	—	—	250 000 ~ 500 000 元 / 项目	
			公共建筑	一星级	100 000 ~ 200 000 元 / 项目	—	—	100 000 ~ 200 000 元 / 项目	
				二星级	200 000 ~ 300 000 元 / 项目	—	—	200 000 ~ 300 000 元 / 项目	
				三星级	300 000 ~ 600 000 元 / 项目	—	—	300 000 ~ 600 000 元 / 项目	
		节能设计、优化	判断项目节能潜力，提供节能策略	建筑面积 50 000m^2（含）以下	2 ~ 3 元 /m^2	—	—	2 ~ 3 元 /m^2	1. 与实施数量有关； 2. 本处的面积指建筑面积
				建筑面积 50 000m^2 以上	1 ~ 2 元 /m^2	—	—	1 ~ 2 元 /m^2	

2　绿色建筑典型工程增量造价指标

说　　明

一、本章内容为绿色建筑典型工程增量造价指标案例分析。

二、本章绿色建筑典型工程案例内容由项目概况、绿色建筑技术措施造价构成和绿色建筑技术措施运用情况组成。

三、本章所指绿色建筑增量造价指标是按拟评定绿色建筑的建筑面积为基数进行计算的。

四、本章典型工程绿色建筑评价与等级划分执行该工程设计阶段的绿色建筑评价标准。

五、本章典型工程类型包含住宅建筑、办公建筑、旅馆酒店建筑、商业建筑、卫生建筑、文化建筑、教育建筑、体育建筑、交通建筑 9 类。

2.1　住 宅 建 筑

2.1.1　某住宅项目（一星级）增量造价指标

项目概况			
建筑类型	住宅建筑	绿色建筑标识评价等级	设计标识
绿色建筑幢数、层数	共 33 幢，层数：2 层、3 层、4 层、7 层、8 层、11 层、18 层、23 层		一星级
绿色建筑建筑面积（m^2）	235 166.33	总建筑面积（m^2）	235 166.33
绿色建筑地下建筑面积（m^2）	67 020.78	结构类型	框架 – 剪力墙
绿色建筑地上建筑面积（m^2）	168 145.55	最大建筑高度（m）	68.40
绿色建筑增量造价指标（元 /m^2）	36.75		

绿色建筑技术措施造价构成									
序号	绿色技术工艺						传统技术工艺		增量（元）
	项目		总价（元）	单位	单位造价	备注	项目	总价（元）	
1	土壤氡气检测	检测数：96 ~ 320 点	19 000.00	元 / 点位	190.00	—	—	0.00	19 000.00
2	智能照明控制系统	分区、定时、感应：照度、照明密度	336 288.00	元 / 回路	1 293.42	—	—	0.00	336 288.00
3	节能与能源综合利用	太阳能热水系统	4 745 520.00	元 / 户	1 404.00	—	—	0.00	4 745 520.00
4	雨水回收利用	模块蓄水池	379 800.00	元 / 套	379 800.00	—	—	0.00	379 800.00
5	节水灌溉	喷灌	474 326.00	元 /m^2	10.21	单位造价按喷灌覆盖面积计	人工浇灌	232 285.01	242 040.99
6	节水器具	用水效率不低于 2 级	4 738 500.00	元 /m^2	20.15	单位造价按绿色建筑面积计	普通器具	4 120 740.00	617 760.00
7	用水计量	按用途设置	456 300.00	元 / 套	325.00	—	—	0.00	456 300.00

续表

绿色建筑技术措施造价构成									
序号	绿色技术工艺						传统技术工艺		增量（元）
	项目		总价（元）	单位	单位造价	备注	项目	总价（元）	
8	水景节水措施	项目设置水景	453 927.00	元 /m^2	1 836.00	单位造价按水景面积计	—	0.00	453 927.00
9	室内墙环境优化	墙面隔声装置	912 420.00	元 /m^2	133.20	单位造价按铺设面积计	—	0.00	912 420.00
10	可调节遮阳	中置百叶遮阳	765 000.00	元 /m^2	900.00	单位造价按遮阳面积计	中空玻璃窗	495 000.00	270 000.00
11	地下室空气质量监测	在地下车库设置 CO 浓度监测装置且与排风设备联动	108 186.00	元 / 点位	2 003.44	—	—	0.00	108 186.00
12	绿色建筑设计、咨询、认证全过程	居住建筑一星级	100 000.00	元 / 项目	100 000.00	—	—	0.00	100 000.00
13	绿色建筑技术措施造价合计		13 489 267.00	—	—	—	—	4 848 025.01	8 641 241.99
14	绿色建筑增量造价指标（元 /m^2）		36.75						

绿色建筑技术措施运用情况		
序号	绿色建筑技术措施	备注
1	项目选址符合所在地城乡规划，且符合各类保护区、文物古迹保护的建设控制要求	
2	场地无洪涝、滑坡、泥石流等自然灾害的威胁，无危险化学品、易燃易爆危险源的威胁，无电磁辐射、含氡土壤等危害	含氡土壤检测
3	场地内无排放超标的污染源	
4	建筑规划布局满足日照标准，未降低周边建筑的日照标准	
5	节约集约利用土地	
6	场地内合理设置绿化用地	
7	合理开发利用地下空间	
8	建筑及照明设计未产生光污染	
9	场地内环境噪声符合现行国家标准《声环境质量标准》GB 3096 的有关规定	
10	场地内风环境有利于室外行走、活动舒适和建筑的自然通风	

续表

绿色建筑技术措施运用情况		
序号	绿色建筑技术措施	备注
11	采取措施降低热岛强度	
12	场地与公共交通设施具有便捷的联系	
13	场地内人行通道采用无障碍设计	
14	合理设置停车场所	
15	提供便利的公共服务	
16	充分利用场地空间，合理设置绿色雨水基础设施	
17	合理规划地表与屋面雨水径流，对场地雨水实施外排总量控制	
18	合理选择绿化方式	
19	建筑设计符合国家现行有关节能标准中强制性条文的规定	
20	未采用电直接加热设备作为供暖空调系统的供暖热源和空气加湿热源	
21	冷热源、输配系统和照明等各部分能耗进行独立分项计量	
22	各房间或场所的照明功率密度值不高于现行国家标准《建筑照明设计标准》GB 50034 中的现行值规定	
23	结合场地自然条件，对建筑的体形、朝向、楼距、窗墙比等进行优化设计	
24	外窗、玻璃幕墙的可开启部分能使建筑获得良好的通风	
25	采取措施降低过渡季节供暖、通风与空调系统能耗	
26	采取措施降低部分负荷、部分空间使用下的供暖、通风与空调系统能耗	
27	走廊、楼梯间、门厅、大堂、大空间等场所的照明系统采取分区、定时、感应等节能控制措施	照明系统采用节能控制（感应）
28	照明功率密度值达到现行国家标准《建筑照明设计标准》GB 50034 中的目标值规定	
29	合理选用节能型电气设备	
30	根据当地气候和自然资源条件，合理利用可再生能源	每户均采用整体式太阳能热水器，电辅助加热
31	制订水资源利用方案，统筹各种水资源	
32	给排水系统设置合理、完善、安全	
33	采用节水器具	
34	采取有效措施避免管网漏损	
35	给水系统无超压出流现象	
36	设置用水计量装置	按使用用途和管理收费单元分别设置用水计量装置
37	使用用水效率等级较高的卫生器具	采用符合国家现行标准的节水器具，用水效率等级不低于 2 级

续表

绿色建筑技术措施运用情况		
序号	绿色建筑技术措施	备注
38	绿化灌溉采用节水灌溉方式	
39	空调设备或系统采用节水冷却技术	未采用冷却塔系统
40	合理使用非传统水源	采用雨水回用进行绿化浇灌
41	冷却水补水采用非传统水源	未采用冷却塔系统
42	结合雨水利用设施进行景观水体设计，景观水体利用雨水的补水量大于其水体蒸发量的 60%，且采用生态水处理技术保障水体水质	
43	未采用国家和地方禁止、限制使用的建筑材料及制品	
44	混凝土结构中梁、柱纵向受力普通钢筋采用不低于 400MPa 级的热轧带肋钢筋	
45	建筑造型要素简约，且无大量装饰性构件	
46	择优选用建筑形体	
47	对地基基础、结构体系、结构构件进行优化设计，达到节材效果	
48	现浇混凝土采用预拌混凝土	
49	建筑砂浆采用预拌砂浆	
50	合理采用高强建筑结构材料	
51	主要功能房间的室内噪声级满足现行国家标准《民用建筑隔声设计规范》GB 50118 中的低限要求	
52	主要功能房间的外墙、隔墙、楼板和门窗的隔声性能满足现行国家标准《民用建筑隔声设计规范》GB 50118 中的低限要求	
53	建筑照明数量和质量符合现行国家标准《建筑照明设计标准》GB 50034 的规定	
54	采用集中供暖空调系统的建筑，房间内温度、湿新风量等设计参数符合现行国家标准《民用建筑供暖通风与空气调节设计规范》GB 50736 的规定	
55	在室内设计温、湿度条件下，建筑围护结构内表面未结露	
56	屋顶和东、西外墙隔热性能满足现行国家标准《民用建筑热工设计规范》GB 50176 的要求	
57	室内空气中的氨、甲醛、苯、总挥发性有机物、氡等污染物浓度符合现行国家标准《室内空气质量标准》GB/T 18883 的有关规定	
58	采取减少噪声干扰的措施	采用墙体隔声装置
59	相邻居住建筑的直接间距超过 18m	
60	主要功能房间的采光系数满足现行国家标准《建筑采光设计标准》GB 50033 的要求	
61	采取可调节遮阳措施，降低夏季太阳辐射得热	采用中置百叶遮阳
62	优化建筑空间、平面布局和构造设计，改善自然通风效果	
63	气流组织合理	
64	地下车库设置与排风设备联动的 CO 浓度监测装置	

2.1.2 某住宅项目（三星级）增量造价指标

项目概况			
建筑类型	住宅建筑	绿色建筑标识评价等级	设计标识
绿色建筑幢数、层数	共 5 幢，层数：24 层		三星级
绿色建筑建筑面积（m^2）	86 412.43	总建筑面积（m^2）	157 267.70
绿色建筑地下建筑面积（m^2）	27 867.42	结构类型	框架 – 剪力墙
绿色建筑地上建筑面积（m^2）	58 545.01	最大建筑高度（m）	74.80
绿色建筑增量造价指标（元 /m^2）	150.97		

绿色建筑技术措施造价构成									
序号	绿色技术工艺						传统技术工艺		增量（元）
	项目		总价（元）	单位	单位造价	备注	项目	总价（元）	
1	土壤氡气检测	检测数：96 ~ 320 点	50 000.00	元 / 点位	200.00	—	—	0.00	50 000.00
2	围护结构热工性能指标	比现行节能标准提高 5%	7 331 230.56	元 /m^2	80.80	单位造价按外墙保温面积计	现行节能标准要求	6 891 356.73	439 873.83
3	电梯、自动扶梯节能控制系统	扶梯自动启停、变频调速等	1 039 353.00	元 / 部	45 189.26	—	—	0.00	1 039 353.00
4	节能与能源综合利用	地源热泵系统	19 354 588.00	元 /m^2	429.77	单位造价按制冷（热）面积计	普通水冷空调系统	15 483 670.40	3 870 917.60
5		空气源热泵系统（生活热水）	2 748 000.00	元 / 户	6 000.00	—	电热水器或者燃气热水器	0.00	2 748 000.00
6	节水系统	同层排水	1 940 040.00	元 /m^2	22.45	单位造价按绿色建筑面积计	普通排水	864 160.36	1 075 879.64
7	用水计量	按用途设置	177 653.00	元 / 套	387.89	—	—	0.00	177 653.00
8	BIM 技术	规划设计、施工、运营阶段应用 BIM 技术，实现数据共享并协同工作	3 344 162.17	元 /m^2	49.00	单位造价按 BIM 技术应用的建筑面积计	—	0.00	3 344 162.17

续表

绿色建筑技术措施造价构成

序号	绿色技术工艺						传统技术工艺		增量（元）
	项目		总价（元）	单位	单位造价	备注	项目	总价（元）	
9	绿色建筑设计、咨询、认证全过程	居住建筑三星级	300 000.00	元 / 项目	300 000.00	单位造价按项目计	—	0.00	300 000.00
10	绿色建筑技术措施造价合计		36 285 026.73	—	—	—	—	23 239 187.49	13 045 839.24
11	绿色建筑增量造价指标（元 /m²）		150.97						

绿色建筑技术措施运用情况

序号	绿色建筑技术措施	备注
1	项目选址符合所在地城乡规划，且符合各类保护区、文物古迹保护的建设控制要求	
2	场地无洪涝、滑坡、泥石流等自然灾害的威胁，无危险化学品、易燃易爆危险源的威胁，无电磁辐射、含氡土壤等危害	
3	场地内无排放超标的污染源	
4	建筑规划布局满足日照标准，未降低周边建筑的日照标准	
5	节约集约利用土地	
6	场地内合理设置绿化用地	
7	合理开发利用地下空间	
8	建筑及照明设计避免产生光污染	
9	场地内环境噪声符合现行国家标准《声环境质量标准》GB 3096 的有关规定	
10	场地内风环境有利于室外行走、活动舒适和建筑的自然通风	
11	采取措施降低热岛强度	
12	场地与公共交通设施具有便捷的联系	
13	场地内人行通道采用无障碍设计	
14	合理设置停车场所	
15	提供便利的公共服务	
16	充分利用场地空间，合理设置绿色雨水基础设施	
17	合理规划地表与屋面雨水径流，对场地雨水实施外排总量控制	
18	合理选择绿化方式	
19	建筑设计符合国家现行有关节能标准中强制性条文的规定	
20	未采用电直接加热设备作为供暖空调系统的供暖热源和空气加湿热源	
21	冷热源、输配系统和照明等各部分能耗进行独立分项计量	
22	各房间或场所的照明功率密度值不高于现行国家标准《建筑照明设计标准》GB 50034 中的现行值规定	
23	结合场地自然条件，对建筑的体形、朝向、楼距、窗墙比等进行优化设计	
24	外窗、玻璃幕墙的可开启部分能使建筑获得良好的通风	

续表

绿色建筑技术措施运用情况		
序号	绿色建筑技术措施	备注
25	围护结构热工性能指标优于国家现行相关建筑节能设计标准的规定	比现行节能标准提高 5%
26	供暖空调系统的冷热源机组能效均优于现行国家标准《公共建筑节能设计标准》GB 50189 的规定以及国家现行有关标准能效限定值的要求	
27	集中供暖系统热水循环泵的耗电输热比和通风空调系统风机的单位风量耗功率符合现行国家标准《公共建筑节能设计标准》GB 50189 等的有关规定，且空调冷热水系统循环水泵的耗电输冷（热）比较现行国家标准《民用建筑供暖通风与空气调节设计规范》GB 50736 的规定值低 20%	
28	合理选择和优化供暖、通风与空调系统	
29	采取措施降低过渡季节供暖、通风与空调系统能耗	
30	采取措施降低部分负荷、部分空间使用下的供暖、通风与空调系统能耗	
31	走廊、楼梯间、门厅、大堂、大空间、地下停车场等场所的照明系统采取分区、定时、感应等节能控制措施	
32	照明功率密度值达到现行国家标准《建筑照明设计标准》GB 50034 中规定的目标值	
33	合理选用电梯和自动扶梯，并采取电梯群控、扶梯自动启停等节能控制措施	选用一线品牌电梯与自动扶梯且采取电梯群控、扶梯自动启停等节能控制措施
34	合理选用节能型电气设备	
35	排风能量回收系统设计合理并运行可靠	集中空调系统的排风能量回收系统：额定热回收效率（全热和显热）不低于 60%
36	合理利用余热、废热解决建筑的蒸汽、供暖或生活热水需求	
37	根据当地气候和自然资源条件，合理利用可再生能源	由可再生能源提供的生活用热水比例 $R_{hw} \geqslant 80\%$；由可再生能源提供的空调用冷量和热量的比例 $70\% \leqslant R_{ch} < 80\%$
38	制订水资源利用方案，统筹各种水资源	
39	给排水系统设置合理、完善、安全	
40	采用节水器具	
41	建筑平均日用水量满足现行国家标准《民用建筑节水设计标准》GB 50555 中的节水用水定额的要求	
42	给水系统无超压出流现象	
43	设置用水计量装置	按使用用途和管理收费单元分别设置用水计量装置
44	使用用水效率等级较高的卫生器具	
45	绿化灌溉采用节水灌溉方式	
46	空调设备或系统采用节水冷却技术	
47	除卫生器具、绿化灌溉和冷却塔外的其他用水采用节水技术或措施	
48	合理使用非传统水源	
49	结合雨水利用设施进行景观水体设计，景观水体利用雨水的补水量大于其水体蒸发量的 60%，且采用生态水处理技术保障水体水质	

续表

绿色建筑技术措施运用情况		
序号	绿色建筑技术措施	备注
50	未采用国家和地方禁止、限制使用的建筑材料及制品	
51	混凝土结构中梁、柱纵向受力普通钢筋采用不低于 400MPa 级的热轧带肋钢筋	
52	建筑造型要素简约，且无大量装饰性构件	
53	择优选用建筑形体	
54	对地基基础、结构体系、结构构件进行优化设计，达到节材效果	
55	土建工程与装修工程一体化设计	
56	现浇混凝土采用预拌混凝土	
57	建筑砂浆采用预拌砂浆	
58	合理采用高强建筑结构材料	
59	合理采用高耐久性建筑结构材料	
60	采用可再利用材料和可再循环材料	
61	主要功能房间的室内噪声级满足现行国家标准《民用建筑隔声设计规范》GB 50118 中的低限要求	
62	主要功能房间的外墙、隔墙、楼板和门窗的隔声性能满足现行国家标准《民用建筑隔声设计规范》GB 50118 中的低限要求	
63	建筑照明数量和质量符合现行国家标准《建筑照明设计标准》GB 50034 的规定	
64	采用集中供暖空调系统的建筑，房间内的温度、湿度、新风量等设计参数符合现行国家标准《民用建筑供暖通风与空气调节设计规范》GB 50736 的规定	
65	在室内设计温、湿度条件下，建筑围护结构内表面未结露	
66	屋顶和东、西外墙隔热性能满足现行国家标准《民用建筑热工设计规范》GB 50176 的要求	
67	室内空气中的氨、甲醛、苯、总挥发性有机物、氡等污染物浓度符合现行国家标准《室内空气质量标准》GB/T 18883 的有关规定	
68	采取减少噪声干扰的措施	
69	建筑主要功能房间具有良好的户外视野	
70	主要功能房间的采光系数满足现行国家标准《建筑采光设计标准》GB 50033 的要求	
71	改善建筑室内天然采光效果	
72	采取可调节遮阳措施，降低夏季太阳辐射得热	
73	供暖空调系统末端现场可独立调节	
74	优化建筑空间、平面布局和构造设计，改善自然通风效果	
75	气流组织合理	
76	地下车库设置与排风设备联动的 CO 浓度监测装置	
77	卫生器具的用水效率均达到国家现行有关卫生器具用水等级标准规定的 1 级	
78	对主要功能房间采取有效的空气处理措施	
79	应用 BIM 技术	规划设计、施工、运营阶段应用 BIM 技术，实现数据共享并协同工作

2.2 办公建筑

2.2.1 某办公项目（二星级）增量造价指标

项目概况			
建筑类型	办公建筑	绿色建筑标识评价等级	设计标识
绿色建筑幢数、层数	共 1 幢，层数：15 层		二星级
绿色建筑建筑面积（m^2）	51 409.00	总建筑面积（m^2）	54 611.00
绿色建筑地下建筑面积（m^2）	17 572.00	结构类型	框架－剪力墙
绿色建筑地上建筑面积（m^2）	33 837.00	最大建筑高度（m）	57.50
绿色建筑增量造价指标（元 /m^2）	80.48		

绿色建筑技术措施造价构成									
序号	绿色技术工艺					备注	传统技术工艺		增量（元）
	项目		总价（元）	单位	单位造价		项目	总价（元）	
1	海绵城市	改性透水沥青（50mm 厚沥青面层）	455 110.00	元 /m^2	128.20	单位造价按铺装面积计	普通沥青（50mm 厚沥青面层）	284 000.00	171 110.00
2	屋顶绿化	轻型屋面覆土厚度 300 ~ 600mm	537 334.00	元 /m^2	222.00	单位造价按屋顶绿化面积计	无绿化，普通防水卷材	121 021.17	416 312.83
3	智能照明控制系统	分区、定时、感应：照度、照明密度	131 607.04	元 / 回路	1 316.07	—	—	0.00	131 607.04
4	节能与能源综合利用	热回收新风机组	455 997.83	元 /（m^3/h）	4.80	—	普通新风机组	194 548.00	261 449.83
5		太阳能光伏发电	1 265 000.00	元 /Wp	10.00	—	—	0.00	1 265 000.00
6	雨水回收利用	模块蓄水池	631 974.00	元 / 套	315 987.00	—	—	0.00	631 974.00
7	节水器具	用水效率不低于 2 级	770 521.00	元 /m^2	14.99	单位造价按绿色建筑面积计	普通器具	673 590.00	96 931.00
8	室内空气质量监测	对室内 CO_2 浓度进行监测并与通风系统联动	194 883.65	元 / 点位	2 998.21	—	—	0.00	194 883.65

续表

绿色建筑技术措施造价构成									
序号	绿色技术工艺						传统技术工艺		增量（元）
	项目		总价（元）	单位	单位造价	备注	项目	总价（元）	
9	BIM 技术	规划设计、施工、运营阶段应用 BIM 技术，实现数据共享并协同工作	668 317.00	元 /m²	13.00	单位造价按 BIM 技术应用的建筑面积计	—	0.00	668 317.00
10	绿色建筑设计、咨询、认证全过程	公共建筑二星级	200 000.00	元 / 项目	200 000.00	—	—	0.00	200 000.00
11	节能设计、优化	判断项目节能潜力，提供节能策略	100 000.00	元 /m²	1.95	单位造价按绿色建筑面积计	—	0.00	100 000.00
12	绿色建筑技术措施造价合计		5 410 744.52	—	—	—	—	1 273 159.17	4 137 585.35
13	绿色建筑增量造价指标（元 /m²）		80.48						

绿色建筑技术措施运用情况		
序号	绿色建筑技术措施	备注
1	项目选址符合所在地城乡规划，且符合各类保护区、文物古迹保护的建设控制要求	
2	场地无洪涝、滑坡、泥石流等自然灾害的威胁，无危险化学品、易燃易爆危险源的威胁，无电磁辐射、含氡土壤等危害	
3	场地内无排放超标的污染源	
4	建筑规划布局满足日照标准，未降低周边建筑的日照标准	
5	节约集约利用土地	
6	场地内合理设置绿化用地	设置屋顶绿化
7	合理开发利用地下空间	
8	建筑及照明设计避免产生光污染	
9	场地内环境噪声符合现行国家标准《声环境质量标准》GB 3096 的有关规定	
10	场地内风环境有利用室内室外行走、活动舒适和建筑的自然通风	
11	采取措施降低热岛强度	
12	场地与公共交通设施具有便捷的联系	
13	场地内人行通道采用无障碍设计	
14	合理设置停车场所	

续表

绿色建筑技术措施运用情况		
序号	绿色建筑技术措施	备注
15	提供便利的公共服务	
16	充分利用场地空间，合理设置绿色雨水基础设施，对大于 10hm^2 的场地进行雨水专项规划设计	
17	合理规划地表与屋面雨水径流，对场地雨水实施外排总量控制	采用透水铺装，场地年径流总量控制率为 55%
18	合理选择绿化方式，科学配置绿化植物	
19	建筑设计符合国家现行有关节能标准中强制性条文的规定	
20	未采用电直接加热设备作为供暖空调系统的供暖热源和空气加湿热源	
21	冷热源、输配系统和照明等各部分能耗进行独立分项计量	
22	各房间或场所的照明功率密度值不高于现行国家标准《建筑照明设计标准》GB 50034 中的现行值规定	
23	结合场地自然条件，对建筑的体形、朝向、楼距、窗墙比等进行优化设计	
24	外窗、玻璃幕墙的可开启部分能使建筑获得良好的通风	
25	围护结构热工性能指标优于国家现行有关建筑节能设计标准的规定	
26	供暖空调系统的冷热源机组能效均优于现行国家标准《公共建筑节能设计标准》GB 50189 的规定以及国家现行有关标准能效限定值的要求	采用变制冷剂流量多联式（VRF）空调系统，综合性能系数（IPLV）高于国家标准要求
27	合理选择和优化供暖、通风与空调系统	采用 VRF 空调系统
28	采取措施降低过渡季节供暖、通风与空调系统能耗	采用 VRF 空调系统
29	采取措施降低部分负荷、部分空间使用下的供暖、通风与空调系统能耗	采用 VRF 空调，部分空调新风采用全热交换器，回收排风中的冷、热量，节省新风处理能耗
30	走廊、楼梯间、门厅、大堂、大空间、地下停车场等场所的照明系统采取分区、定时、感应等节能控制措施	地下车库照明采用 LED（Light Emitting Diode）高效照明，并配置了智能控制系统
31	照明功率密度值达到现行国家标准《建筑照明设计标准》GB 50034 中的目标值规定	
32	合理选用电梯和自动扶梯，并采取电梯群控、扶梯自动启停等节能控制措施	
33	排风能量回收系统设计合理并运行可靠	部分空调新风采用全热交换器，回收排风中的冷、热量，节省新风处理能耗
34	根据当地气候和自然资源条件，合理利用可再生资源	设置了太阳能光伏系统，电量即发即用，用于地下车库照明
35	制订水资源利用方案，统筹各种水资源	
36	给排水系统设置合理、完善、安全	
37	采用节水器具	
38	采取有效措施避免管网漏损	
39	给水系统无超压出流现象	
40	设置用水计量装置	

续表

绿色建筑技术措施运用情况		
序号	绿色建筑技术措施	备注
41	公用浴室采取节水措施	
42	使用用水效率等级较高的卫生器具	车库地面冲洗采用节水高压水枪
43	绿化灌溉采用节水灌溉方式	
44	除卫生器具、绿化灌溉和冷却塔外的其他用水采用了节水技术或措施	车库地面冲洗采用节水高压水枪
45	合理使用非传统水源	设置雨水回用系统，收集屋面区域内雨水，处理后用于浇洒绿地与道路冲洗
46	未采用国家和地方禁止、限制使用的建筑材料及制品	
47	混凝土结构中梁、柱纵向受力普通钢筋采用不低于 400MPa 级的热轧带肋钢筋	
48	建筑造型要素简约，且无大量装饰性构件	
49	对地基基础、结构体系、结构构件进行优化设计，达到节材效果	
50	土建工程与装修工程一体化设计	
51	公共建筑中可变换功能的室内空间采用可重复使用的隔断（墙）	
52	现浇混凝土采用预拌混凝土	
53	建筑砂浆采用预拌砂浆	
54	合理采用高强建筑结构材料	
55	合理采用高耐久性建筑结构材料	
56	采用可再利用材料和可再循环材料	
57	主要功能房间的室内噪声级满足现行国家标准《民用建筑隔声设计规范》GB 50118 中的低限要求	
58	主要功能房间的外墙、隔墙、楼板和门窗的隔声性能满足现行国家标准《民用建筑隔声设计规范》GB 50118 中的低限要求	
59	建筑照明数量和质量符合现行国家标准《建筑照明设计标准》GB 50034 的规定	
60	采用集中供暖空调系统的建筑，房间内温度、湿新风量等设计参数符合现行国家标准《民用建筑供暖通风与空气调节设计规范》GB 50736 的规定	
61	在室内设计温、湿度条件下，建筑围护结构内表面未结露	
62	屋顶和东、西外墙隔热性能满足现行国家标准《民用建筑热工设计规范》GB 50176 的要求	
63	室内空气中的氨、甲醛、苯、总挥发性有机物、氡等污染物浓度符合现行国家标准《室内空气质量标准》GB/T 18883 的有关规定	
64	主要功能房间的采光系数满足现行国家标准《建筑采光设计标准》GB 50033 的要求	
65	采取可调节遮阳措施，降低夏季太阳辐射得热	
66	供暖空调系统末端现场可独立调节	
67	优化建筑空间、平面布局和构造设计，改善自然通风效果	
68	气流组织合理	
69	主要功能房间中人员密度较高且随时间变化大的区域设置室内空气质量监控系统	对室内 CO_2 浓度进行监测并与通风系统联动
70	地下车库设置与排风设备联动的 CO 浓度监测装置	
71	应用 BIM 技术	规划设计、施工、运营阶段应用 BIM 技术，实现数据共享并协同工作

2.2.2 某办公项目（三星级）增量造价指标

项目概况			
建筑类型	办公建筑	绿色建筑标识评价等级	设计标识
绿色建筑幢数、层数	共 2 幢，层数：4 层、23 层		三星级
绿色建筑建筑面积（m^2）	39 436.82	总建筑面积（m^2）	39 436.82
绿色建筑地下建筑面积（m^2）	11 092.4	结构类型	框架 – 剪力墙
绿色建筑地上建筑面积（m^2）	28 344.42	最大建筑高度（m）	99.8
绿色建筑增量造价指标（元 /m^2）	297.05		

绿色建筑技术措施造价构成									
序号	绿色技术工艺						传统技术工艺		增量（元）
	项目		总价（元）	单位	单位造价	备注	项目	总价（元）	
1	海绵城市	半透水砖（车载）（300mm × 300mm × 55mm）	9 540.00	元 /m^2	170.00	单位造价按铺装面积计	普通砖	5 724.00	3 816.00
2	土壤氡气检测	检测数：16 ~ 96 点	7 500.00	元 / 点位	300.00	—	—	0.00	7 500.00
3	屋顶绿化	轻型屋面覆土厚度 300 ~ 600mm	138 000.00	元 /m^2	320.00	单位造价按屋顶绿化面积计	无绿化，普通防水卷材	21 562.50	116 437.50
4	垂直绿化	传统型或传统辅助型：攀缘植物和垂吊植物	141 750.00	元 /m^2	92.00	单位造价按垂直绿化面积计	—	0.00	141 750.00
5	围护结构热工性能指标	比现行节能标准提高 5%	10 430 746.56	元 /m^2	920.00	单位造价按幕墙面积计	现行节能标准要求	9 434 610.26	996 136.30
6	智能照明控制系统	分区、定时、感应：照度、照明密度	236 621.00	元 / 回路	1 478.88	—	—	0.00	236 621.00

续表

绿色建筑技术措施造价构成									
序号	绿色技术工艺						传统技术工艺		增量（元）
	项目		总价（元）	单位	单位造价	备注	项目	总价（元）	
7	电梯、自动扶梯节能控制系统	扶梯自动启停、变频调速等	969 000.00	元 / 部	51 000.00	—	—	0.00	969 000.00
8	节能与能源综合利用	热回收新风机组	563 768.95	元 /（m^3/h）	4.70	—	普通新风机组	311 944.59	251 824.36
9		蓄冷蓄热系统	11 337 768.00	元 /m^2	400.00	单位造价按制冷（热）面积计	普通水冷空调系统	8 503 326.00	2 834 442.00
10		水源热泵系统	7 013 400.60	元 /m^2	360.00	单位造价按制冷（热）面积计	普通水冷空调系统	5 844 500.50	1 168 900.10
11		太阳能热水系统	140 000.00	元 /m^2	3.55	单位造价按绿色建筑面积计	电热水器	109 200.00	30 800.00
12		太阳能光伏发电	565 000.00	元 /Wp	14.33	—	—	0.00	565 000.00
13	雨水回收利用	模块蓄水池	300 000.00	元 / 套	300 000.00	—	—	0.00	300 000.00
14	节水灌溉	微灌、滴灌	74 600.00	元 /m	40.00	—	—	0.00	74 600.00
15	节水器具	用水效率不低于 2 级	786 433.00	元 /m^2	19.94	单位造价按绿色建筑面积计	普通器具	683 877.00	102 556.00
16	用水计量	按用途设置	103 837.00	元 / 套	509.00	—	—	0.00	103 837.00
17	可调节遮阳	金属卷帘外遮阳	600 000.00	元 /m^2	1 200.00	单位造价按遮阳面积计	—	0.00	600 000.00
18	光导照明	平均采光系数大于 0.5%、地下室面积大于 5%	168 000.00	元 / 套	4 200.00	—	—	0.00	168 000.00

续表

绿色建筑技术措施造价构成									
序号	绿色技术工艺						传统技术工艺		增量（元）
	项目		总价（元）	单位	单位造价	备注	项目	总价（元）	
19	室内空气质量监测	对室内 CO_2 浓度进行监测并与通风系统联动	44 800.00	元 / 点位	3 200.00	—	—	0.00	44 800.00
20	能耗监测	能耗监测系统	426 800.00	元 / 点位	3 880.00	—	—	0.00	426 800.00
21	BIM 技术	规划设计、施工、运营阶段应用 BIM 技术，实现数据共享并协同工作	1 971 841.00	元 /m^2	50.00	单位造价按 BIM 技术应用的建筑面积计	—	0.00	1 971 841.00
22	绿色建筑设计、咨询、认证全过程	公共建筑三星级	600 000.00	元 / 项目	600 000.00	—	—	0.00	600 000.00
23	绿色建筑技术措施造价合计		36 629 406.11	—	—	—	—	24 914 744.85	11 714 661.26
24	绿色建筑增量造价指标（元 /m^2）		297.05						

绿色建筑技术措施运用情况		
序号	绿色建筑技术措施	备注
1	项目选址符合所在地城乡规划，且符合各类保护区、文物古迹保护的建设控制要求	
2	场地无洪涝、滑坡、泥石流等自然灾害的威胁，无危险化学品、易燃易爆危险源的威胁，无电磁辐射、含氡土壤等危害	
3	建筑规划布局满足日照标准，未降低周边建筑的日照标准	
4	合理开发利用地下空间	
5	场地与公共交通设施具有便捷的联系	
6	充分考虑建筑周边、广场、道路、停车场的绿化和遮阴，绿地率高于国家及相关地区标准	

续表

绿色建筑技术措施运用情况		
序号	绿色建筑技术措施	备注
7	绿化物种选择适宜当地气候和土壤条件的乡土植物，且采用包含乔、灌木的复层 绿化，减少单纯的草坪绿化	裙房屋顶为空中花园，主楼屋顶局部绿化，西面种植爬藤植物，每层办公楼四周全部设置绿色花槽
8	场地内无严重污染空气环境的污染源	
9	场地环境噪声符合现行国家标准《声环境质量标准》GB 3096 的规定	
10	道路和地面停车场采用透水地面	室外透水地面面积比为 40.22%
11	围护结构热工性能指标符合现行国家和地方公共建筑节能标准的规定	
12	空调采暖系统的冷热源机组能效比符合国家和地方公共建筑节能标准的有关规定	
13	建筑采暖与空调热源选择，符合现行国家标准《公共建筑节能设计标准》GB 50189 的规定	
14	照明采用高效光源和高效灯具或采取其他节能控制措施	
15	冷热源、输配系统和照明等各部分能耗进行独立分项计量	
16	建筑总平面设计有利于冬季日照并避开主导风向，夏季则利于自然通风；建筑主朝向选择本地区最佳朝向或接近最佳朝向	
17	建筑外窗可开启面积不小于外窗总面积的 30%，建筑幕墙具有可开启部分或设有通风换气装置	
18	建筑外窗的气密性符合现行国家标准《建筑外门窗气密、水密、抗风压性能检测方法》GB/T 7106 的要求	
19	采用适宜的蓄冷蓄热技术和新型节能的空气调节方式	采用蓄冷蓄热系统及水源热泵系统，二十层～二十二层办公区域采用变频多联机空调＋新风系统
20	采取切实有效的热回收措施，设计为可以直接利用室外新风的空调系统	采用热回收新风机组
21	通风空调系统在建筑部分负荷和部分空间利用时不降低能源利用效率	
22	风机的单位风量耗功率和冷热水系统的输送能效比符合现行国家标准《公共建筑节能设计标准》GB 50189 的相关规定	
23	采用太阳能、地热、风能等可再生能源利用技术	利用太阳能光伏发电
24	合理选用电梯和自动扶梯，并采取电梯群控、扶梯自动启停等节能控制措施	采用智能照明控制系统及扶梯自动启停、变频调速等系统

续表

绿色建筑技术措施运用情况		
序号	绿色建筑技术措施	备注
25	根据建筑类型、气候条件、用水习惯等制订水系统规划方案，统筹考虑传统与非传统水源的利用，降低用水定额	
26	设置完善的供水系统，水质达到国家或行业规定的标准，且水压稳定、可靠	
27	管材、管道附件及设备等供水设施的选取和运行未对供水造成二次污染，并应设置用水计量仪表和采取有效措施防止和检测管道渗漏	
28	采用节水器具	
29	合理使用非传统水源	室外设置雨水收集回用处理池，经加压泵输送供给景观水池补水、场外绿化浇洒用水、垂直绿化微灌用水、地下汽车库地面冲洗、场外车辆冲洗用水
30	采用微灌、渗灌、低压管灌等绿化灌溉方式，与传统方法相比节水率不低于 10%	采用垂直绿化微灌
31	优先采用雨水和再生水进行灌溉	
32	使用耐久性好的建筑材料，如高强度钢、高性能混凝土等	
33	土建工程与装修工程一体化设计	
34	采用中央空调的建筑，房间内的温度、湿度、风速等参数满足设计要求	
35	在室内设计温、湿度条件下，建筑围护结构内表面未结露	
36	采用中央空调的建筑，新风量符合标准要求且新风采气口的设置能保证所吸入的空气为室外新鲜空气	
37	建筑外窗的隔声性能达到现行国家标准《建筑门窗空气声隔声性能分级及检测方法》GB/T 8485 的要求	
38	建筑室内采光满足现行国家标准《建筑采光设计标准》GB 50033 的要求	
39	建筑室内照明数量和质量满足现行国家标准《建筑照明设计标准》GB 50034 的要求	
40	合理进行建筑平面布局和空间功能安排，减少相邻空间的噪声干扰以及外界噪声对室内的影响	
41	主要功能房间的外墙、隔墙、楼板和门窗的隔声性能满足现行国家标准《民用建筑隔声设计规范》GB 50118 的要求	
42	建筑设计和构造设计采取诱导气流、促进自然通风的措施	
43	建筑 75% 以上的空间可根据需要实现自然采光	采用光导照明的部位平均采光系数大于 0.5%、地下室面积大于 5%
44	建筑入口和主要活动空间有无障碍设计	
45	采取可调节遮阳措施，降低夏季太阳辐射得热	采用金属卷帘外遮阳
46	设置室内空气质量监控系统，保证健康舒适的室内环境	对室内 CO_2 浓度进行监测并与通风系统联动
47	设备、管道的设置便于维修、改造和更换	
48	采用智能化手段进行系统运行状况的数据计量	采用能耗监测系统
49	应用 BIM 技术	规划设计、施工、运营阶段应用 BIM 技术，实现数据共享并协同工作

2.3 旅馆酒店建筑

2.3.1 某酒店项目（一星级）增量造价指标

项目概况			
建筑类型	酒店建筑	绿色建筑标识评价等级	设计标识
绿色建筑幢数、层数	共1幢，层数：13层		一星级
绿色建筑建筑面积（m^2）	46 200.55	总建筑面积（m^2）	46 200.55
绿色建筑地下建筑面积（m^2）	9 946.95	结构类型	框架
绿色建筑地上建筑面积（m^2）	36 253.6	最大建筑高度（m）	70.40
绿色建筑增量造价指标（元/m^2）	40.70		

序号	绿色技术工艺						传统技术工艺		增量（元）
	项目		总价（元）	单位	单位造价	备注	项目	总价（元）	
1	土壤氡气检测	检测数：16 ~ 96点	24 000.00	元/点位	300.00	—	—	0.00	24 000.00
2	智能照明控制系统	分区、定时、感应：照度、照明密度	105 000.00	元/回路	1 235.29	—	—	0.00	105 000.00
3	电梯、自动扶梯节能控制系统	扶梯自动启停、变频调速等	531 026.00	元/部	48 275.09	—	—	0.00	531 026.00
4	节能与能源综合利用	热回收新风机组	412 204.00	元/（m^3/h）	4.43	—	普通新风机组	304 530.00	107 674.00
5	中水回用	室内冲厕用中水比例不低于50%	327 550.00	元/m^3	4 000.00	—	—	0.00	327 550.00
6	节水灌溉	喷灌	698 040.00	元/m^2	12.00	单位造价按喷灌覆盖面积计	人工浇灌	290 850.00	407 190.00
7	节水器具	用水效率不低于2级	834 300.00	元/m^2	18.06	单位造价按绿色建筑面积计	普通器具	742 527.00	91 773.00

续表

<table>
<tr><td colspan="10">绿色建筑技术措施造价构成</td></tr>
<tr><td rowspan="2">序号</td><td colspan="6">绿色技术工艺</td><td colspan="2">传统技术工艺</td><td rowspan="2">增量（元）</td></tr>
<tr><td colspan="2">项目</td><td>总价（元）</td><td>单位</td><td>单位造价</td><td>备注</td><td>项目</td><td>总价（元）</td></tr>
<tr><td>8</td><td>用水计量</td><td>按用途设置</td><td>42 000.00</td><td>元 / 套</td><td>400.00</td><td>—</td><td>—</td><td>0.00</td><td>42 000.00</td></tr>
<tr><td>9</td><td>地下室空气质量监测</td><td>在地下车库设置 CO 浓度监测装置且与排风设备联动</td><td>54 000</td><td>元 / 点位</td><td>2 000.00</td><td>—</td><td>—</td><td>0.00</td><td>54 000.00</td></tr>
<tr><td>10</td><td>绿色建筑设计、咨询、认证全过程</td><td>公共建筑一星级</td><td>190 000</td><td>元 / 项目</td><td>190 000.00</td><td>—</td><td>—</td><td>0.00</td><td>190 000.00</td></tr>
<tr><td>11</td><td colspan="2">绿色建筑技术措施造价合计</td><td>3 218 120</td><td>—</td><td>—</td><td>—</td><td>—</td><td>1 337 907.00</td><td>1 880 213.00</td></tr>
<tr><td>12</td><td colspan="2">绿色建筑增量造价指标（元 /m²）</td><td colspan="7">40.70</td></tr>
</table>

绿色建筑技术措施运用情况		
序号	绿色建筑技术措施	备注
1	项目选址符合所在地城乡规划，且符合各类保护区、文物古迹保护的建设控制要求	
2	场地无洪涝、滑坡、泥石流等自然灾害的威胁，无危险化学品、易燃易爆危险源的威胁，无电磁辐射、含氡土壤等危害	
3	场地内无排放超标的污染源	
4	建筑规划布局应满足日照标准，未降低周边建筑的日照标准	
5	节约集约利用土地	
6	场地内合理设置绿化用地	
7	合理开发利用地下空间	
8	建筑及照明设计避免产生光污染	
9	场地内环境噪声符合现行国家标准《声环境质量标准》GB 3096 的有关规定	
10	场地内风环境有利于室外行走、活动舒适和建筑的自然通风	
11	采取措施降低热岛强度	
12	场地与公共交通设施具有便捷的联系	
13	场地内人行通道采用无障碍设计	

续表

绿色建筑技术措施运用情况		
序号	绿色建筑技术措施	备注
14	合理设置停车场所	
15	提供便利的公共服务	
16	充分利用场地空间，合理设置绿色雨水基础设施	
17	合理规划地表与屋面雨水径流，对场地雨水实施外排总量控制	
18	合理选择绿化方式	
19	建筑设计符合国家现行有关节能标准中强制性条文的规定	
20	未采用电直接加热设备作为供暖空调系统的供暖热源和空气加湿热源	
21	冷热源、输配系统和照明等各部分能耗进行独立分项计量	
22	各房间或场所的照明功率密度值不高于现行国家标准《建筑照明设计标准》GB 50034 中的现行值规定	
23	结合场地自然条件，对建筑的体形、朝向、楼距、窗墙比等进行优化设计	
24	采取措施降低过渡季节供暖、通风与空调系统能耗	根据室内负荷的变化自动调整空气处理机组（AHU）风机的转速，实现节能
25	采取措施降低部分负荷、部分空间使用下的供暖、通风与空调系统能耗	酒店的冷冻水系统采用一次泵变流量系统
26	走廊、楼梯间、门厅、大堂、大空间等场所的照明系统采取分区、定时、感应等节能控制措施	照明系统采取分区、定时、感应等节能控制措施
27	照明功率密度值达到现行国家标准《建筑照明设计标准》GB 50034 中的目标值规定	
28	制订水资源利用方案，统筹各种水资源	
29	给排水系统设置合理、完善、安全	
30	采用节水器具	
31	采取有效措施避免管网漏损	
32	给水系统无超压出流现象	
33	设置用水计量装置	室外设生活、消防总表，厨房、洗衣房、泳池、健身、桑拿/洗浴、美容美发、冷却塔补水、机房补水均设水表计量，精装区域吊顶内水表采用数字式远传水表
34	使用用水效率等级较高的卫生器具	采用符合国家现行标准的节水器具，用水效率等级不低于 2 级
35	绿化灌溉采用节水灌溉方式	采用喷灌与滴灌结合，覆盖 90% 以上绿化面积
36	空调设备或系统采用节水冷却技术	

续表

绿色建筑技术措施运用情况		
序号	绿色建筑技术措施	备注
37	合理使用非传统水源	收集员工淋浴、客房淋浴用水、客房空调系统冷凝水作为中水水源；中水回用阀门、水表、取水栓均应悬挂“禁止饮用”标志，回用管道均用色漆喷涂“非饮用水”，间隔2m；防止误接、误用、误饮
38	结合雨水利用设施进行景观水体设计，景观水体利用雨水的补水量大于其水体蒸发量的60%，且采用生态水处理技术保障水体水质	
39	未采用国家和地方禁止、限制使用的建筑材料及制品	
40	混凝土结构中梁、柱纵向受力普通钢筋采用不低于400MPa级的热轧带肋钢筋	
41	建筑造型要素简约，且无大量装饰性构件	
42	择优选用建筑形体	
43	对地基基础、结构体系、结构构件进行优化设计，达到节材效果	
44	现浇混凝土采用预拌混凝土	
45	建筑砂浆采用预拌砂浆	
46	合理采用高强建筑结构材料	
47	主要功能房间的室内噪声级满足现行国家标准《民用建筑隔声设计规范》GB 50118中的低限要求	达到低限标准限值和高要求标准限值的平均值
48	主要功能房间的外墙、隔墙、楼板和门窗的隔声性能满足现行国家标准《民用建筑隔声设计规范》GB 50118中的低限要求	
49	建筑照明数量和质量符合现行国家标准《建筑照明设计标准》GB 50034的规定	
50	采用集中供暖空调系统的建筑，房间内温度、湿新风量等设计参数符合现行国家标准《民用建筑供暖通风与空气调节设计规范》GB 50736的规定	
51	在室内设计温、湿度条件下，建筑围护结构内表面未结露	
52	屋顶和东、西外墙隔热性能满足现行国家标准《民用建筑热工设计规范》GB 50176的要求	
53	室内空气中的氨、甲醛、苯、总挥发性有机物、氡等污染物浓度符合现行国家标准《室内空气质量标准》GB/T 18883的有关规定	
54	采取减少噪声干扰的措施	
55	建筑主要功能房间具有良好的户外视野	
56	主要功能房间的采光系数满足现行国家标准《建筑采光设计标准》GB 50033的要求	
57	优化建筑空间、平面布局和构造设计，改善自然通风效果	
58	气流组织合理	
59	地下车库设置与排风设备联动的CO浓度监测装置	

2.3.2 某酒店项目（二星级）增量造价指标

项目概况			
建筑类型	酒店建筑	绿色建筑标识评价等级	设计标识
绿色建筑幢数、层数	共 1 幢，层数：27 层		二星级
绿色建筑建筑面积（m²）	100 667.64	总建筑面积（m²）	100 667.64
绿色建筑地下建筑面积（m²）	19 384.40	结构类型	框架 – 剪力墙
绿色建筑地上建筑面积（m²）	81 283.24	最大建筑高度（m）	97.84
绿色建筑增量造价指标（元 /m²）	107.01		

绿色建筑技术措施造价构成									
序号	绿色技术工艺						传统技术工艺		增量（元）
	项目		总价（元）	单位	单方造价	备注	项目	总价（元）	
1	海绵城市	半透水砖（人行）（60mm 厚水泥砖）	302 400.00	元 /m²	100.00	单位造价按铺装面积计	普通砖	241 920.00	60 480.00
2	土壤氡气检测	检测数：96 ~ 320 点	26 688.35	元 / 点位	133.44	—	—	0.00	26 688.35
3	电梯、自动扶梯节能控制系统	扶梯自动启停、变频调速等	1 333 838.00	元 / 部	70 202	—	—	0.00	1 333 838.00
4	节能与能源综合利用	热回收新风机组	884 361.65	元 /（m³/h）	4.91	—	普通新风机组	650 265.92	234 095.73
5		蓄冷蓄热系统	24 734 164.80	元 /m²	380.37	单位造价按制冷（热）面积计	普通水冷空调系统	16 774 710.57	7 959 454.23
6	节水灌溉	喷灌	172 175.00	元 /m²	25.00	单位造价按喷灌覆盖面积计	人工浇灌	68 870.00	103 305.00
7	节水器具	用水效率不低于 2 级	4 984 335.00	元 /m²	49.51	单位造价按绿色建筑面积计	普通器具	4 336 371.45	647 963.55

续表

绿色建筑技术措施造价构成									
序号	绿色技术工艺						传统技术工艺		增量（元）
	项目		总价（元）	单位	单方造价	备注	项目	总价（元）	
8	用水计量	按用途设置	5 264.00	元 / 套	329.00	—	—	0.00	5 264.00
9	绿色建筑设计、咨询、认证全过程	公共建筑二星级	250 000.00	元 / 项目	250 000.00	—	—	0.00	250 000.00
10	节能设计、优化	判断项目节能潜力，提供节能策略	151 001.46	元 /m²	1.50	单位造价按绿色建筑面积计	—	0.00	151 001.46
11	绿色建筑技术措施造价合计		32 844 228.26	—	—	—	—	22 072 137.94	10 772 090.32
12	绿色建筑增量造价指标（元 /m²）		107.01						

绿色建筑技术措施运用情况		
序号	绿色建筑技术措施	备注
1	项目选址符合所在地城乡规划，且符合各类保护区、文物古迹保护的建设控制要求	
2	场地无洪涝、滑坡、泥石流等自然灾害的威胁，无危险化学品、易燃易爆危险源的威胁，无电磁辐射、含氡土壤等危害	
3	建筑规划布局满足日照标准，未降低周边建筑的日照标准	
4	合理开发利用地下空间	
5	场地与公共交通设施具有便捷的联系	
6	充分考虑建筑周边、广场、道路、停车场的绿化和遮阴，绿地率高于国家及相关地区标准	
7	绿化物种选择适宜当地气候和土壤条件的乡土植物，且采用包含乔、灌木的复层绿化，减少单纯的草坪绿化	
8	场地内无严重污染空气环境的污染源	
9	场地环境噪声符合现行国家标准《声环境质量标准》GB 3096 的规定	
10	道路和地面停车场采用透水地面	室外透水地面面积比为 45.8%

续表

绿色建筑技术措施运用情况		
序号	绿色建筑技术措施	备注
11	围护结构热工性能指标符合现行国家和地方公共建筑节能标准的规定	
12	空调采暖系统的冷热源机组能效比符合国家和地方公共建筑节能标准的有关规定	
13	建筑采暖与空调热源选择，符合现行国家标准《公共建筑节能设计标准》GB 50189 的规定	
14	照明采用高效光源和高效灯具或采取其他节能控制措施	
15	冷热源、输配系统和照明等各部分能耗进行独立分项计量	
16	建筑总平面设计有利于冬季日照并避开主导风向，夏季则利于自然通风；建筑主朝向选择本地区最佳朝向或接近最佳朝向	
17	建筑外窗可开启面积不小于外窗总面积的 30%，建筑幕墙具有可开启部分或设有通风换气装置	
18	建筑外窗的气密性符合现行国家标准《建筑外门窗气密、水密、抗风压性能检测方法》GB/T 7106 的要求	
19	采用适宜的蓄冷蓄热技术和新型节能的空气调节方式	宴会厅、大空间采用全空气系统，新回风混合送入室内，气流组织为上送上回；全空气空调系统均考虑在过渡季采用全新风，且有可调新风比的措施
20	采取切实有效的热回收措施，设计为可以直接利用室外新风的空调系统	客房新风与排风系统之间设置热回收系统，用以预热或预冷室外新风；卫生间排风在屋面进行收集，与高区新风进行全热交换，经过热回收后的新风再经冷热水盘管处理后，送至各个客房
21	通风空调系统在建筑部分负荷和部分空间利用时不降低能源利用效率	
22	风机的单位风量耗功率和冷热水系统的输送能效比符合现行国家标准《公共建筑节能设计标准》GB 50189 的规定	
23	采用太阳能、地热、风能等可再生能源利用技术	
24	楼宇自控系统功能完善，各子系统均能实现自动检测与控制	采用智能照明控制系统及扶梯自动启停、变频调速等系统
25	根据建筑类型、气候条件、用水习惯等制订水系统规划方案，统筹考虑传统与非传统水源的利用，降低用水定额	
26	设置完善的供水系统，水质达到国家或行业规定的标准，且水压稳定、可靠	
27	管材、管道附件及设备等供水设施的选取和运行不对供水造成二次污染，并应设置用水计量仪表和采取有效措施防止和检测管道渗漏	

续表

绿色建筑技术措施运用情况		
序号	绿色建筑技术措施	备注
28	采用节水器具	
29	合理使用非传统水源	
30	采用微灌、渗灌、低压管灌等绿化灌溉方式，与传统方法相比节水率不低于10%	绿化灌溉采用喷灌等高效节水灌溉措施
31	优先采用雨水和再生水进行灌溉	所采用的非传统水源为雨水，用于绿化及道路冲水
32	使用耐久性好的建筑材料，如高强度钢、高性能混凝土等	
33	土建工程与装修工程一体化设计	
34	采用中央空调的建筑，房间内的温度、湿度、风速等参数满足设计要求	
35	在室内设计温、湿度条件下，建筑围护结构内表面未结露	
36	采用中央空调的建筑，新风量符合标准要求且新风采气口的设置能保证所吸入的空气为室外新鲜空气	
37	建筑外窗的隔声性能达到现行国家标准《建筑门窗空气声隔声性能分级及检测方法》GB/T 8485 的要求	
38	建筑室内采光满足现行国家标准《建筑采光设计标准》GB 50033 的要求	
39	建筑室内照明数量和质量满足现行国家标准《建筑照明设计标准》GB 50034 的要求	
40	合理进行建筑平面布局和空间功能安排，减少相邻空间的噪声干扰以及外界噪声对室内的影响	
41	主要功能房间的外墙、隔墙、楼板和门窗的隔声性能满足现行国家标准《民用建筑隔声设计规范》GB 50118 的要求	
42	建筑设计和构造设计采取诱导气流、促进自然通风的措施	
43	建筑 75% 以上的空间可根据需要实现自然采光	
44	建筑入口和主要活动空间有无障碍设计	
45	采取可调节遮阳措施，降低夏季太阳辐射得热	
46	设置室内空气质量监控系统，保证健康舒适的室内环境	
47	建筑设备管道更换方便，空间可灵活划分，调整方便	
48	采用智能化手段进行系统运行状况的数据计量	

2.4 商 业 建 筑

2.4.1 某商场项目（一星级）增量造价指标

项目概况			
建筑类型	商场建筑	绿色建筑标识评价等级	设计标识
绿色建筑幢数、层数	共 1 幢，层数：6 层		一星级
绿色建筑建筑面积（m^2）	127 929.00	总建筑面积（m^2）	127 929.00
绿色建筑地下建筑面积（m^2）	36 065.31	结构类型	框架 – 剪力墙
绿色建筑地上建筑面积（m^2）	91 863.69	最大建筑高度（m）	31.20
绿色建筑增量造价指标（元 /m^2）	44.98		

绿色建筑技术措施造价构成									
序号	绿色技术工艺						传统技术工艺		增量（元）
	项目		总价（元）	单位	单位造价	备注	项目	总价（元）	
1	土壤氡气检测	检测数：16 ~ 96 点	25 600.00	元 / 点位	290.91	—	—	0.00	25 600.00
2	屋顶绿化	轻型屋面覆土厚度 300 ~ 600mm	4 806 489.80	元 /m^2	336.00	单位造价按屋顶绿化面积计	无绿化，普通防水卷材	715 251.46	4 091 238.34
3	智能照明控制系统	分区、定时、感应：照度、照明密度	227 714.00	元 / 回路	1 230.89	—	—	0.00	227 714.00
4	电梯、自动扶梯节能控制系统	扶梯自动启停、变频调速等	409 500.00	元 / 部	31 500.00	—	—	0.00	409 500.00
5	节能与能源综合利用	热回收新风机组	1 167 588.00	元 /（m^3/h）	4.67	—	普通新风机组	728 341.00	439 247.00
6	雨水回收利用	模块蓄水池	324 000.00	元 / 套	324 000.00	—	—	0.00	324 000.00
7	节水器具	用水效率不低于 2 级	882 710.00	元 /m^2	6.90	单位造价按绿色建筑面积计	普通器具	785 789.00	96 921.00

续表

绿色建筑技术措施造价构成								
序号	绿色技术工艺					传统技术工艺		增量（元）
	项目	总价（元）	单位	单位造价	备注	项目	总价（元）	
8	绿色建筑设计、咨询、认证全过程 公共建筑一星级	140 000.00	元 / 项目	140 000	—	—	0.00	140 000.00
9	绿色建筑技术措施造价合计	7 983 601.80	—	—	—	—	2 229 381.46	5 754 220.34
10	绿色建筑增量造价指标（元 /m²）	44.98						

绿色建筑技术措施运用情况		
序号	绿色建筑技术措施	备注
1	项目选址符合所在地城乡规划，符合各类保护区、文物古迹保护的建设控制要求	
2	场地无洪涝、滑坡、泥石流等自然灾害的威胁，无危险化学品、易燃易爆危险源的威胁，无电磁辐射、含氡土壤等危害	
3	场地内无排放超标的污染源	
4	建筑规划布局满足日照标准，未降低周边建筑的日照标准	
5	节约集约利用土地	
6	场地内合理设置绿化用地	采用屋顶绿化
7	合理开发利用地下空间	
8	建筑及照明设计避免产生光污染	
9	场地内环境噪声符合现行国家标准《声环境质量标准》GB 3096 的有关规定	
10	场地内风环境有利于室外行走、活动舒适和建筑的自然通风	
11	采取措施降低热岛强度	
12	场地与公共交通设施具有便捷的联系	
13	场地内人行通道采用无障碍设计	
14	合理设置停车场所	
15	提供便利的公共服务	
16	充分利用场地空间，合理设置绿色雨水基础设施	

续表

绿色建筑技术措施运用情况		
序号	绿色建筑技术措施	备注
17	合理规划地表与屋面雨水径流，对场地雨水实施外排总量控制	
18	合理选择绿化方式	
19	建筑设计符合国家现行有关节能标准中强制性条文的规定	
20	未采用电直接加热设备作为供暖空调系统的供暖热源和空气加湿热源	
21	冷热源、输配系统和照明等各部分能耗进行独立分项计量	
22	各房间或场所的照明功率密度值不高于现行国家标准《建筑照明设计标准》GB 50034 中的现行值规定	
23	结合场地自然条件，对建筑的体形、朝向、楼距、窗墙比等进行优化设计	
24	外窗、玻璃幕墙的可开启部分能使建筑获得良好的通风	
25	采取措施降低过渡季节供暖、通风与空调系统能耗	商场等大空间全部采用全空气系统，并设置变频器进行变风量调节，全空气系统过渡季节可实现全新风运行，节约运行费用；本工程采用直接数字式监控（DDC）系统，由中央电脑及终端设备加上若干个 DDC 控制盘组成，在空调控制中心能显示、打印出空调，通风、制冷等各系统设备的运行状态及主要运行参数，并进行集中远距离控制和程序控制
26	采取措施降低部分负荷、部分空间使用下的供暖、通风与空调系统能耗	空调区域根据功能及管理需求进行划分
27	走廊、楼梯间、门厅、大堂、大空间等场所的照明系统采取分区、定时、感应等节能控制措施	照明系统采取分区、定时、感应等节能控制措施
28	照明功率密度值达到现行国家标准《建筑照明设计标准》GB 50034 中的目标值规定	
29	合理选用电梯和自动扶梯，并采取电梯群控、扶梯自动启停等节能控制措施	电梯采取电梯群控、扶梯自动启停等节能控制措施
30	制订水资源利用方案，统筹各种水资源	
31	给排水系统设置合理、完善、安全	
32	采用节水器具	
33	采取有效措施避免管网漏损	
34	给水系统无超压出流现象	
35	设置用水计量装置	
36	使用用水效率等级较高的卫生器具	采用符合国家现行标准的节水器具，用水效率等级不低于 2 级

续表

绿色建筑技术措施运用情况		
序号	绿色建筑技术措施	备注
37	绿化灌溉采用节水灌溉方式	
38	空调设备或系统采用节水冷却技术	常规设计，未设置平衡水管或平衡水箱
39	合理使用非传统水源	通过雨水的渗透，回灌补充地下水及绿化；同时部分回用的屋面雨水用于室外绿化及道路浇洒；为保证回用水水质采用泥沙沉淀处理，雨水蓄水池容积为 $120m^3$
40	结合雨水利用设施进行景观水体设计，景观水体利用雨水的补水量大于其水体蒸发量的 60%，且采用生态水处理技术保障水体水质	
41	未采用国家和地方禁止、限制使用的建筑材料及制品	
42	混凝土结构中梁、柱纵向受力普通钢筋采用不低于 400MPa 级的热轧带肋钢筋	
43	建筑造型要素简约，且无大量装饰性构件	
44	择优选用建筑形体	
45	对地基基础、结构体系、结构构件进行优化设计，达到节材效果	
46	现浇混凝土采用预拌混凝土	
47	建筑砂浆采用预拌砂浆	
48	合理采用高强建筑结构材料	
49	主要功能房间的室内噪声级满足现行国家标准《民用建筑隔声设计规范》GB 50118 中的低限要求	
50	主要功能房间的外墙、隔墙、楼板和门窗的隔声性能满足现行国家标准《民用建筑隔声设计规范》GB 50118 中的低限要求	
51	建筑照明数量和质量符合现行国家标准《建筑照明设计标准》GB 50034 的规定	
52	采用集中供暖空调系统的建筑，房间内温度、湿新风量等设计参数符合现行国家标准《民用建筑供暖通风与空气调节设计规范》GB 50736 的规定	
53	在室内设计温、湿度条件下，建筑围护结构内表面未结露	
54	屋顶和东、西外墙隔热性能满足现行国家标准《民用建筑热工设计规范》GB 50176 的要求	
55	室内空气中的氨、甲醛、苯、总挥发性有机物、氡等污染物浓度符合现行国家标准《室内空气质量标准》GB/T 18883 的有关规定	
56	采取减少噪声干扰的措施	
57	建筑主要功能房间具有良好的户外视野	
58	优化建筑空间、平面布局和构造设计，改善自然通风效果	
59	气流组织合理	

2.5 卫生建筑

2.5.1 某医院项目（二星级）增量造价指标

项目概况			
建筑类型	医院建筑	绿色建筑标识评价等级	设计标识 运行评价
绿色建筑幢数、层数	共3幢，层数：15层		二星级
绿色建筑建筑面积（m^2）	110 008.00	总建筑面积（m^2）	110 008.00
绿色建筑地下建筑面积（m^2）	26 839.00	结构类型	框架
绿色建筑地上建筑面积（m^2）	83 169.00	最大建筑高度（m）	60.60
绿色建筑增量造价指标（元/m^2）	126.52		

绿色建筑技术措施造价构成									
序号	绿色技术工艺						传统技术工艺		增量（元）
	项目		总价（元）	单位	单位造价	备注	项目	总价（元）	
1	土壤氡气检测	检测数：96 ~ 320点	64 000.00	元/点位	200.00	—	—	0.00	64 000.00
2	屋顶绿化	轻型屋面覆土厚度300 ~ 600mm	2 198 041.00	元/m^2	421.00	单位造价按屋顶绿化面积计	无绿化，普通防水卷材	261 050.00	1 936 991.00
3	垂直绿化	装配式种植模块钢结构层作为主龙骨，用塑料模块安置绿化苗木	2 250 000.00	元/m^2	3 000.00	单位造价按垂直绿化面积计	—	0.00	2 250 000.00
4	电梯、自动扶梯节能控制系统	扶梯自动启停、变频调速等	295 200.00	元/部	42 171.43	—	—	0.00	295 200.00
5	节能与能源综合利用	太阳能光伏发电	2 639 000.00	元/Wp	10.00	—	—	0.00	2 639 000.00
6	雨水回收利用	模块蓄水池	1 606 081.00	元/套	321 216.20	—	—	0.00	1 606 081.00
7	节水灌溉	喷灌	680 263.98	元/m^2	15.00	单位造价按喷灌覆盖面积计	人工浇灌	362 807.46	317 456.52

续表

绿色建筑技术措施造价构成									
序号	绿色技术工艺						传统技术工艺		增量（元）
	项目		总价（元）	单位	单位造价	备注	项目	总价（元）	
8	节水器具	用水效率不低于 2 级	1 767 829.00	元 /m²	16.07	单位造价按绿色建筑面积计	普通器具	1 574 695.00	193 134.00
9	用水计量	按用途设置	1 235 876.00	元 / 套	625.76	—	—	0.00	1 235 876.00
10	屋面	安全玻璃采光屋面	647 742.00	元 /m²	1 800.00	单位造价按屋面采光面积计	混凝土屋面	129 548.40	518 193.60
11	可调节遮阳	织物卷帘外遮阳	1 328 721.00	元 /m²	474.54	单位造价按遮阳面积计	—	0.00	1 328 721.00
12	室内空气质量监测	对室内 CO_2 浓度进行监测并与通风系统联动	1 115 800.00	元 / 点位	2 789.50	—	—	0.00	1 115 800.00
13	能耗监测	能耗监测系统	117 630.00	元 / 点位	2 614.00	—	—	0.00	117 630.00
14	绿色建筑设计、咨询、认证全过程	公共建筑二星级	300 000.00	元 / 项目	300 000.00	—	—	0.00	300 000.00
15	绿色建筑技术措施造价合计		16 246 183.98	—	—	—	—	2 328 100.86	13 918 083.12
16	绿色建筑增量造价指标（元 /m²）		126.52						

绿色建筑技术措施运用情况		
序号	绿色建筑技术措施	备注
1	项目选址符合所在地城乡规划，且符合各类保护区、文物古迹保护的建设控制要求	
2	场地无洪涝、滑坡、泥石流等自然灾害的威胁，无危险化学品、易燃易爆危险源的威胁，无电磁辐射、含氡土壤等危害	
3	建筑规划布局满足日照标准，未降低周边建筑的日照标准	
4	合理开发利用地下空间	
5	场地与公共交通设施具有便捷的联系	
6	充分考虑建筑周边、广场、道路、停车场的绿化和遮阴，绿地率高于国家及相关地区标准	
7	绿化物种选择适宜当地气候和土壤条件的乡土植物，且采用包含乔、灌木的复层绿化，减少单纯的草坪绿化	设置屋顶绿化及垂直绿化

续表

绿色建筑技术措施运用情况		
序号	绿色建筑技术措施	备注
8	场地内无严重污染空气环境的污染源	
9	场地环境噪声符合现行国家标准《声环境质量标准》GB 3096 的规定	
10	道路和地面停车场采用透水地面	室外透水地面面积比为 44.0%
11	围护结构热工性能指标符合现行国家和地方公共建筑节能标准的规定	
12	空调采暖系统的冷热源机组能效比符合国家和地方公共建筑节能标准的有关规定	
13	建筑采暖与空调热源选择，符合现行国家标准《公共建筑节能设计标准》GB 50189 的规定	
14	照明采用高效光源和高效灯具或采取其他节能控制措施	
15	冷热源、输配系统和照明等各部分能耗进行独立分项计量	
16	建筑总平面设计有利于冬季日照并避开主导风向，夏季则利于自然通风。建筑主朝向选择本地区最佳朝向或接近最佳朝向	
17	建筑外窗可开启面积不小于外窗总面积的 30%，建筑幕墙具有可开启部分或设有通风换气装置	
18	建筑外窗的气密性符合现行国家标准《建筑外门窗气密、水密、抗风压性能检测方法》GB/T 7106 的要求	在医疗大楼地下一层餐厅设热交换器，采用板式全热交换器
19	采用适宜的蓄冷蓄热技术和新型节能的空气调节方式	医疗大楼一层核磁共振检查房间、数字减影血管造影房间和信息中心采用独立冷热源的恒温恒湿全空气空调系统，大型空调机组的风机均设变频动态控制仪
20	采取切实有效的热回收措施，设计为可以直接利用室外新风的空调系统	在医疗大楼地下一层餐厅设热交换器，采用板式全热交换器
21	通风空调系统在建筑部分负荷和部分空间利用时不降低能源利用效率	医疗大楼循环中央空调区域的空调循环水由制冷机房的冷水机组和换热器制备，净化区域在裙房顶设置风冷热泵机组作为过渡季备用冷热源
22	风机的单位风量耗功率和冷热水系统的输送能效比符合现行国家标准《公共建筑节能设计标准》GB 50189 的规定	
23	采用太阳能、地热、风能等可再生能源利用技术	利用太阳能光伏发电
24	楼宇自控系统功能完善，各子系统均能实现自动检测与控制	采用智能照明控制系统及扶梯自动启停、变频调速等系统
25	可再生能源的使用占建筑总能耗的比例大于 5%	工程在裙房屋顶设置太阳能热水系统，采用集中供热式系统作为医院热水系统的辅助热源；太阳能热水系统采用组合式半嵌入式太阳能集热器，并配 40 吨的集热水箱和 20 吨的储热水箱；太阳能热水系统提供的热水量占生活热水消耗量的 13.3%

续表

绿色建筑技术措施运用情况		
序号	绿色建筑技术措施	备注
26	根据建筑类型、气候条件、用水习惯等制订水系统规划方案，统筹考虑传统与非传统水源的利用，降低用水定额	
27	设置完善的供水系统，水质达到国家或行业规定的标准，且水压稳定、可靠	
28	管材、管道附件及设备等供水设施的选取和运行不对供水造成二次污染，并设置用水计量仪表和采取有效措施防止和检测管道渗漏	
29	采用节水器具	
30	合理使用非传统水源	
31	采用微灌、渗灌、低压管灌等绿化灌溉方式，与传统方法相比节水率不低于 10%	采用节水微喷灌、喷灌
32	优先采用雨水和再生水进行灌溉	收集雨水用于绿化浇灌、道路冲洗及景观补水
33	使用耐久性好的建筑材料，如高强度钢、高性能混凝土等	
34	土建工程与装修工程一体化设计	
35	采用中央空调的建筑，房间内的温度、湿度、风速等参数满足设计要求	
36	在室内设计温、湿度条件下，建筑围护结构内表面未结露	
37	采用中央空调的建筑，新风量符合标准要求且新风采气口的设置能保证所吸入的空气为室外新鲜空气	
38	建筑外窗的隔声性能符合现行国家标准《建筑门窗空气声隔声性能分级及检测方法》GB/T 8485 的要求	
39	建筑室内采光满足现行国家标准《建筑采光设计标准》GB 50033 的要求	
40	建筑室内照明数量和质量满足现行国家标准《建筑照明设计标准》GB 50034 的要求	
41	合理进行建筑平面布局和空间功能安排，减少相邻空间的噪声干扰以及外界噪声对室内的影响	
42	主要功能房间的外墙、隔墙、楼板和门窗的隔声性能满足现行国家标准《民用建筑隔声设计规范》GB 50118 的要求	
43	建筑设计和构造设计采取诱导气流、促进自然通风的措施	
44	建筑 75% 以上的空间可根据需要实现自然采光	设采光屋面
45	建筑入口和主要活动空间有无障碍设计	
46	采取可调节外遮阳措施，改善室内热环境	裙房南立面采用铝合金遮阳百叶，裙房门诊大厅上空玻璃顶采用电动可调节百叶
47	设置室内空气质量监控系统，保证健康舒适的室内环境	对室内 CO_2 浓度进行监测并与通风系统联动
48	采用智能化手段进行系统运行状况的数据计量	采用能耗监测系统

2.6 文化建筑

2.6.1 某文化中心（二星级）增量造价指标

项目概况			
建筑类型	文化建筑	绿色建筑标识评价等级	设计标识
绿色建筑幢数、层数	共3幢，层数：5层、16层		二星级
绿色建筑建筑面积（m^2）	152 316.28	总建筑面积（m^2）	152 316.28
绿色建筑地下建筑面积（m^2）	54 297.89	结构类型	框架－核心筒
绿色建筑地上建筑面积（m^2）	98 018.39	最大建筑高度（m）	65.73
绿色建筑增量造价指标（元/m^2）	74.57		

绿色建筑技术措施造价构成									
序号	绿色技术工艺						传统技术工艺		增量（元）
	项目		总价（元）	单位	单位造价	备注	项目	总价（元）	
1	海绵城市	半透水砖（人行）（60mm厚水泥砖）	114 162.90	元/m^2	119.00	单位造价按铺装面积计	普通砖	95 100.00	19 062.90
2	土壤氡气检测	检测数：96～320点	50 000.00	元/点位	200.00	—	—	0.00	50 000.00
3	屋顶绿化	轻型屋面覆土厚度300～600mm	864 500.00	元/m^2	500.00	单位造价按屋顶绿化面积计	无绿化，普通防水卷材	55 328.00	809 172.00
4	围护结构热工性能指标	比现行节能标准提高5%	7 666 998.47	元/m^2	78.22	单位造价按外墙保温面积计	现行节能标准要求	7 007 636.60	659 361.87
5	智能照明控制系统	分区、定时、感应：照度、照明密度	1 148 464.75	元/回路	1 351.14	—	—	0.00	1 148 464.75
6	电梯、自动扶梯节能控制系统	扶梯自动启停、变频调速等	670 690.00	元/部	55 890.83	—	—	0.00	670 690.00

续表

绿色建筑技术措施造价构成									
序号	绿色技术工艺						传统技术工艺		增量（元）
	项目		总价（元）	单位	单位造价	备注	项目	总价（元）	
7	节能与能源综合利用	热回收新风机组	183 600.00	元 /（m^3/h）	5.00	—	普通新风机组	73 440.00	110 160.00
8		蓄冷蓄热系统	15 042 600.00	元 /m^2	380.00	单位造价按制冷（热）面积计	普通水冷空调系统	9 965 722.50	5 076 877.50
9	雨水回收利用	模块蓄水池	383 722.00	元 / 套	383 722.00	—	—	0.00	383 722.00
10	节水灌溉	微灌、滴灌	95 680.08	元 /m	76.54	—	—	0.00	95 680.08
11	节水器具	用水效率不低于 2 级	2 831 559.65	元 /m^2	18.59	单位造价按绿色建筑面积计	普通器具	2 517 256.53	314 303.12
12	用水计量	按用途设置	1 040 320.19	元 / 套	551.89	—	—	0.00	1 040 320.19
13	地下室空气质量监测	在地下车库设置 CO 浓度监测装置且与排风设备联动	527 587.00	元 / 点位	2 110.35	—	—	0.00	527 587.00
14	绿色建筑设计、咨询、认证全过程	公共建筑二星级	300 000.00	元 / 项目	300 000.00	—	—	0.00	300 000.00
15	节能设计、优化	判断项目节能潜力，提供节能策略	152 316.28	元 /m^2	1.00	单位造价按绿色建筑面积计	—	0.00	152 316.28
16	绿色建筑技术措施造价合计		31 072 201.32	—	—	—	—	19 714 483.63	11 357 717.69
17	绿色建筑增量造价指标（元 /m^2）		74.57						

绿色建筑技术措施运用情况		
序号	绿色建筑技术措施	备注
1	项目选址符合所在地城乡规划，且符合各类保护区、文物古迹保护的建设控制要求	
2	场地无洪涝、滑坡、泥石流等自然灾害的威胁，无危险化学品、易燃易爆危险源的威胁，无电磁辐射、含氡土壤等危害	

续表

绿色建筑技术措施运用情况		
序号	绿色建筑技术措施	备注
3	建筑规划布局满足日照标准，未降低周边建筑的日照标准	
4	合理开发利用地下空间	
5	场地与公共交通设施具有便捷的联系	
6	充分考虑建筑周边、广场、道路、停车场的绿化和遮阴，绿地率高于国家及相关地区标准	
7	绿化物种选择适宜当地气候和土壤条件的乡土植物，且采用包含乔、灌木的复层绿化，减少单纯的草坪绿化	设置屋顶绿化
8	场地内无严重污染空气环境的污染源	
9	场地环境噪声符合现行国家标准《声环境质量标准》GB 3096 的规定	
10	道路和地面停车场采用透水地面	室外透水地面面积比为 43.07%
11	围护结构热工性能指标优于现行国家和地方公共建筑节能标准的规定	
12	空调采暖系统的冷热源机组能效比符合国家和地方公共建筑节能标准的有关规定	
13	建筑采暖与空调热源选择，符合现行国家标准《公共建筑节能设计标准》GB 50189 的规定	
14	照明采用高效光源和高效灯具或采取其他节能控制措施	
15	冷热源、输配系统和照明等各部分能耗进行独立分项计量	
16	建筑总平面设计有利于冬季日照并避开主导风向，夏季则利于自然通风。建筑主朝向选择本地区最佳朝向或接近最佳朝向	
17	建筑外窗可开启面积不小于外窗总面积的 30%，建筑幕墙具有可开启部分或设有通风换气装置	
18	建筑外窗的气密性符合现行国家标准《建筑外门窗气密、水密、抗风压性能检测方法》GB/T 7106 的要求	
19	采用适宜的蓄冷蓄热技术和新型节能的空气调节方式	全空气空调系统可实现最小新风与全新风工况运行
20	采取切实有效的热回收措施，设计为可以直接利用室外新风的空调系统	采用热回收装置对排风进行冷、热量回收，全热回收效率制冷时不低于 55%，制热时回收效率不低于 60%
21	通风空调系统在建筑部分负荷和部分空间利用时不降低能源利用效率	系统分区域设置，各空调系统采用就地数字控制系统监控，根据使用要求独立启停，在部分空调区域使用的情况下可有效地避免空调能耗的浪费
22	风机的单位风量耗功率和冷热水系统的输送能效比符合现行国家标准《公共建筑节能设计标准》GB 50189 的规定	

续表

绿色建筑技术措施运用情况		
序号	绿色建筑技术措施	备注
23	采用太阳能、地热、风能等可再生能源利用技术	
24	楼宇自控系统功能完善，各子系统均能实现自动检测与控制	采用智能照明控制系统及扶梯自动启停、变频调速等系统
25	根据建筑类型、气候条件、用水习惯等制订水系统规划方案，统筹考虑传统与非传统水源的利用，降低用水定额	
26	设置完善的供水系统，水质达到国家或行业规定的标准，且水压稳定、可靠	
27	管材、管道附件及设备等供水设施的选取和运行不对供水造成二次污染，并设置用水计量仪表和采取有效措施防止和检测管道渗漏	
28	采用节水器具	
29	合理使用非传统水源	集水池和清水池的有效容积不小于 $150m^3$，雨水收集量满足绿化浇灌用水，多余雨水可用于景观补水等
30	采用微灌、渗灌、低压管灌等绿化灌溉方式，与传统方法相比节水率不低于 10%	采用滴灌方式
31	优先采用雨水和再生水进行灌溉	采用的非传统水源为雨水，采用非传统水源用于绿化浇灌
32	使用耐久性好的建筑材料，如高强度钢、高性能混凝土等	
33	土建工程与装修工程一体化设计	
34	采用中央空调的建筑，房间内的温度、湿度、风速等参数满足设计要求	
35	在室内设计温、湿度条件下，建筑围护结构内表面未结露	
36	采用中央空调的建筑，新风量符合标准要求且新风采气口的设置能保证所吸入的空气为室外新鲜空气	
37	建筑外窗的隔声性能达到现行国家标准《建筑门窗空气声隔声性能分级及检测方法》GB/T 8485 的要求	
38	建筑室内采光满足现行国家标准《建筑采光设计标准》GB 50033 的要求	
39	建筑室内照明质量满足现行国家标准《建筑照明设计标准》GB 50034 的要求	
40	合理进行建筑平面布局和空间功能安排，减少相邻空间的噪声干扰以及外界噪声对室内的影响	
41	主要功能房间的外墙、隔墙、楼板和门窗的隔声性能满足现行国家标准《民用建筑隔声设计规范》GB 50118 的要求	
42	建筑设计和构造设计采取诱导气流、促进自然通风的措施	
43	建筑 75% 以上的空间可根据需要实现自然采光	
44	建筑入口和主要活动空间有无障碍设计	
45	设置室内空气质量监控系统，保证健康舒适的室内环境	在地下车库设置 CO 浓度监测装置且与排风设备联动

2.6.2 某博览中心（二星级）增量造价指标

项目概况			
建筑类型	文化建筑	绿色建筑标识评价等级	设计标识
绿色建筑幢数、层数	共 3 幢，层数：裙房 3 层、10 层、13 层、16 层		二星级
绿色建筑建筑面积（m^2）	841 584.00	总建筑面积（m^2）	841 584.00
绿色建筑地下建筑面积（m^2）	310 620.00	结构类型	地下：框架－剪力墙，地上：钢框架－钢筋混凝土核心筒、框架－剪力墙
绿色建筑地上建筑面积（m^2）	530 964.00	最大建筑高度（m）	119.80
绿色建筑增量造价指标（元 /m^2）	154.81		

绿色建筑技术措施造价构成

序号	绿色技术工艺						传统技术工艺		增量（元）
	项目		总价（元）	单位	单位造价	备注	项目	总价（元）	
1	海绵城市	改性透水沥青（50mm 厚沥青面层）	1 627 004.36	元 /m^2	110.00	单位造价按铺装面积计	普通沥青（50mm 厚沥青面层）	931 829.77	695 174.59
2	土壤氡气检测	检测数：320 点以上	209 270.60	元 / 点位	99.65	—	—	0.00	209 270.60
3	屋顶绿化	轻型屋面覆土厚度 300 ~ 600mm	1 086 317.00	元 /m^2	358.17	单位造价按屋顶绿化面积计	无绿化，普通防水卷材	97 056.00	989 261.00
4		重型屋面覆土厚度 800 ~ 1 200mm	88 725 840.00	元 /m^2	800.00	单位造价按屋顶绿化面积计		8 055 150.00	80 670 690.00
5	高效变频风机和水泵	变频装置	378 380.00	元 /kW	1 022.65	—	—	0.00	378 380.00
6	智能照明控制系统	分区、定时、感应：照度、照明密度	4 539 000.00	元 / 回路	1 296.86	—	—	0.00	4 539 000.00

续表

序号	绿色技术工艺						传统技术工艺		增量（元）
	项目		总价（元）	单位	单位造价	备注	项目	总价（元）	
7	电梯、自动扶梯节能控制系统	扶梯自动启停、变频调速等	7 215 490.00	元 / 部	32 649.28	—	—	0.00	7 215 490.00
8	节能与能源综合利用	蓄冷蓄热系统	35 532 857.61	元 /m^2	380.00	单位造价按制冷（热）面积计	普通水冷空调系统	28 663 822.00	6 869 035.61
9		太阳能光伏发电	5 103 174.00	元 /Wp	10.00	—	—	0.00	5 103 174.00
10	雨水回收利用	模块蓄水池	1 711 428.00	元 / 套	285 238.00	—	—	0.00	1 711 428.00
11	节水灌溉	仿生灌溉系统	1 612 557.00	元 /m^2	28.42	单位造价按灌溉面积计	人工浇灌	510 606.00	1 101 951.00
12	节水器具	用水效率不低于 2 级	46 287 120.00	元 /m^2	55.00	单位造价按绿色建筑面积计	普通器具	40 262 643.00	6 024 477.00
13	用水计量	按用途设置	118 536.00	元 / 套	493.90	—	—	0.00	118 536.00
14	室内声环境优化	浮筑楼板	1 652 865.00	元 /m^2	900.00	单位造价按铺设面积计	—	0.00	1 652 865.00
15		墙面隔声装置	895 766.00	元 /m^2	300.00	单位造价按铺设面积计	普通做法	537 459.60	358 306.40
16	能耗监测	能耗监测系统	11 552 308.00	元 / 点位	3 300.66	—	—	0.00	11 552 308.00
17	绿色建筑设计、咨询、认证全过程	公共建筑二星级	252 475.20	元 / 项目	252 475.20	—	—	0.00	252 475.20
18	节能设计、优化	判断项目节能潜力，提供节能策略	841 584.00	元 /m^2	1.00	单位造价按绿色建筑面积计	—	0.00	841 584.00
19	绿色建筑技术措施造价合计		209 341 972.77	—	—	—	—	79 058 566.37	130 283 406.40
20	绿色建筑增量造价指标（元 /m^2）		154.81						

表头总标题：绿色建筑技术措施造价构成

续表

绿色建筑技术措施运用情况		
序号	绿色建筑技术措施	备注
1	项目选址符合所在地城乡规划，且符合各类保护区、文物古迹保护的建设控制要求	
2	场地无洪涝、滑坡、泥石流等自然灾害的威胁，无危险化学品、易燃易爆危险源的威胁，无电磁辐射、含氡土壤等危害	
3	建筑规划布局满足日照标准，未降低周边建筑的日照标准	
4	合理开发利用地下空间	
5	场地与公共交通设施具有便捷的联系	
6	充分考虑建筑周边、广场、道路、停车场的绿化和遮阴，绿地率高于国家及相关地区标准	
7	绿化物种选择适宜当地气候和土壤条件的乡土植物，且采用包含乔、灌木的复层绿化，减少单纯的草坪绿化	在屋面部分位置采用屋顶绿化的种植方式，占屋顶可绿化面积的比例为60.7%
8	场地内无严重污染空气环境的污染源	
9	场地环境噪声符合现行国家标准《声环境质量标准》GB 3096 的规定	
10	道路和地面停车场采用透水地面	室外透水地面面积比为47.14%
11	围护结构热工性能指标符合现行国家和地方公共建筑节能标准的规定	
12	空调采暖系统的冷热源机组能效比符合国家和地方公共建筑节能标准的有关规定	
13	建筑采暖与空调热源选择，符合现行国家标准《公共建筑节能设计标准》GB 50189 的规定	
14	照明采用高效光源和高效灯具或采取其他节能控制措施	
15	冷热源、输配系统和照明等各部分能耗进行独立分项计量	
16	建筑总平面设计有利于冬季日照并避开主导风向，夏季则利于自然通风。建筑主朝向选择本地区最佳朝向或接近最佳朝向	
17	建筑外窗可开启面积不小于外窗总面积的30%，建筑幕墙具有可开启部分或设有通风换气装置	
18	建筑外窗的气密性符合现行国家标准《建筑外门窗气密、水密、抗风压性能检测方法》GB/T 7106 的要求	
19	采用适宜的蓄冷蓄热技术和新型节能的空气调节方式	采用适宜的蓄冷蓄热技术和新型节能的空气调节方式
20	采取切实有效的热回收措施，设计为可以直接利用室外新风的空调系统	
21	通风空调系统在建筑部分负荷和部分空间利用时不降低能源利用效率	
22	风机的单位风量耗功率和冷热水系统的输送能效比符合现行国家标准《公共建筑节能设计标准》GB 50189 的规定	采用高效变频风机和水泵
23	采用太阳能、地热、风能等可再生能源利用技术	采用太阳能光伏发电
24	楼宇自控系统功能完善，各子系统均能实现自动检测与控制	采用智能照明控制系统及扶梯自动启停、变频调速等系统

续表

绿色建筑技术措施运用情况		
序号	绿色建筑技术措施	备注
25	根据建筑类型、气候条件、用水习惯等制订水系统规划方案，统筹考虑传统与非传统水源的利用，降低用水定额	
26	设置完善的供水系统，水质达到国家或行业规定的标准，且水压稳定、可靠	
27	管材、管道附件及设备等供水设施的选取和运行不对供水造成二次污染，并设置用水计量仪表和采取有效措施防止和检测管道渗漏	
28	采用节水器具	
29	合理使用非传统水源	
30	采用微灌、渗灌、低压管灌等绿化灌溉方式，与传统方法相比节水率不低于 10%	采用仿生灌溉系统
31	优先采用雨水和再生水进行灌溉	绿化浇灌用水采用经处理后的雨水，项目利用景观湖中的水，经反冲洗、净化等处理措施后，用于项目全区的绿化浇灌
32	使用耐久性好的建筑材料，如高强度钢、高性能混凝土等	
33	土建工程与装修工程一体化设计	
34	采用中央空调的建筑，房间内的温度、湿度、风速等参数满足设计要求	
35	在室内设计温、湿度条件下，建筑围护结构内表面未结露	
36	采用中央空调的建筑，新风量符合标准要求且新风采气口的设置能保证所吸入的空气为室外新鲜空气	
37	建筑外窗的隔声性能符合现行国家标准《建筑门窗空气声隔声性能分级及检测方法》GB/T 8485 的要求	
38	建筑室内采光满足现行国家标准《建筑采光设计标准》GB 50033 的要求	
39	建筑室内照明数量和质量满足现行国家标准《建筑照明设计标准》GB 50034 的要求	
40	合理进行建筑平面布局和空间功能安排，减少相邻空间的噪声干扰以及外界噪声对室内的影响	
41	室内背景噪声满足现行国家标准《民用建筑隔声设计规范》GB 50118 的要求	采用浮筑楼板及隔声装置板
42	建筑设计和构造设计采取诱导气流、促进自然通风的措施	
43	建筑 75% 以上的空间可根据需要实现自然采光	
44	建筑入口和主要活动空间有无障碍设计	
45	建筑设备管道更换方便，空间可灵活划分，调整方便	
46	采用智能化手段进行系统运行状况的数据计量	设建筑设备监控系统，利用直接数码控制监控各机电系统

2.6.3 某会展中心（三星级）增量造价指标

项目概况			
建筑类型	文化建筑	绿色建筑标识评价等级	设计标识
绿色建筑幢数、层数	共 13 幢，层数：10 层		三星级
绿色建筑建筑面积（m^2）	1 470 030.35	总建筑面积（m^2）	1 470 030.35
绿色建筑地下建筑面积（m^2）	203 050.78	结构类型	框架
绿色建筑地上建筑面积（m^2）	1 266 979.57	最大建筑高度（m）	43.00
绿色建筑增量造价指标（元 /m^2）	277.55		

绿色建筑措施造价构成									
序号	绿色技术工艺						传统技术工艺		增量（元）
	项目		总价（元）	单位	单位造价	备注	项目	总价（元）	
1	海绵城市	彩色透水混凝土（120mm 厚混凝土）	8 010 987.00	元 /m^2	190.00	单位造价按铺装面积计	普通混凝土（120mm 厚混凝土）	4 216 308.95	3 794 678.05
2		改性透水沥青（50mm 厚沥青面层）	17 670 203.00	元 /m^2	110.00	单位造价按铺装面积计	普通沥青（50mm 厚沥青面层）	9 638 292.55	8 031 910.45
3	屋顶绿化	轻型屋面覆土厚度 300 ~ 600mm	20 100 337.00	元 /m^2	500.00	单位造价按屋顶绿化面积计	无绿化，普通防水卷材	2 211 037.07	17 889 299.93
4	围护结构热工性能指标	比现行节能标准提高 10%	28 020 987.00	元 /m^2	102.33	单位造价按外墙保温面积计	现行节能标准要求	22 416 789.60	5 604 197.40
5	高效变频风机和水泵	变频装置	160 071.00	元 /kW	1 143.36	—	—	0.00	160 071.00
6	智能照明控制系统	分区、定时、感应：照度、照明密度	4 332 365.00	元 / 回路	1 462.15	—	—	0.00	4 332 365.00

续表

绿色建筑措施造价构成									
序号	绿色技术工艺						传统技术工艺		增量（元）
	项目		总价（元）	单位	单位造价	备注	项目	总价（元）	
7	电梯、自动扶梯节能控制系统	扶梯自动启停、变频调速等	5 712 000.00	元 / 部	56 000.00	—	—	0.00	5 712 000.00
8	节能与能源综合利用	热回收新风机组	13 000 587.50	元 /（m^3/h）	5.10	—	普通新风机组	7 626 600.00	5 373 987.50
9		太阳能热水系统	3 503 566.00	元 /m^2	2.38	单位造价按绿色建筑面积计	电热水器或者燃气热水器	2 837 888.46	665 677.54
10		太阳能光伏发电	9 022 676.00	元 /Wp	4.10	—	—	0.00	9 022 676.00
11	雨水回收利用	模块蓄水池	5 210 991.00	元 / 套	325 686.94	—	—	0.00	5 210 991.00
12	中水回用	室内冲厕用中水比例不低于 50%	2 021 334.00	元 /m^3	4 200.00	—	—	0.00	2 021 334.00
13	节水灌溉	喷灌	1 612 557.00	元 /m^2	15.00	单位造价按喷灌覆盖面积计	人工浇灌	415 627.00	1 196 930.00
14	节水器具	用水效率不低于 2 级	76 719 300.00	元 /m^2	52.19	单位造价按绿色建筑面积计	普通器具	67 512 984.00	9 206 316.00
15	用水计量	按用途设置	810 285.00	元 / 套	540.19	—	—	0.00	810 285.00
16	采用高耐久性建筑结构材料	高耐久性混凝土	600 102 433.00	元 /m^3	550.00	—	普通混凝土	436 438 132.00	163 664 301.00
17		耐候型防腐涂料	52 103 369.00	元 /m^2	158.00	单位造价按耐候型防腐涂料面积计	普通防腐涂料	21 434 930.28	30 668 438.72
18	室内声环境优化	浮筑楼板	2 504 465.00	元 /m^2	920.00	单位造价按铺设面积计	—	0.00	2 504 465.00
19	光导照明	平均采光系数大于 0.5%、地下室面积大于 5%	3 683 067.00	元 / 套	2 166.51	—	—	0.00	3 683 067.00

续表

绿色建筑措施造价构成									
序号	绿色技术工艺						传统技术工艺		增量（元）
	项目		总价（元）	单位	单位造价	备注	项目	总价（元）	
20	室内空气质量监测	对室内 CO_2 浓度进行监测并与通风系统联动	423 576.00	元 / 点位	2 353.20	—	—	0.00	423 576.00
21	地下室空气质量监测	在地下车库设置 CO 浓度监测装置且与排风设备联动	581 264.00	元 / 点位	2 075.94	—	—	0.00	581 264.00
22	能耗监测	能耗监测系统	51 975 456.00	元 / 点位	4 895.32	—	—	0.00	51 975 456.00
23	BIM 技术	规划设计、施工、运营阶段应用 BIM 技术，实现数据共享并协同工作	73 501 517.50	元 /m^2	50.00	单位造价按 BIM 应用建筑面积计	—	0.00	73 501 517.50
24	绿色建筑设计、咨询、认证全过程	公共建筑三星级	500 000.00	元 / 项目	500 000.00	—	—	0.00	500 000.00
25	节能设计、优化	判断项目节能潜力，提供节能策略	1 470 030.35	元 /m^2	1.00	单位造价按绿色建筑面积计	—	0.00	1 470 030.35
26	绿色建筑技术措施造价合计		982 753 424.35	—	—	—	—	574 748 589.91	408 004 834.44
27	绿色建筑增量造价指标（元 /m^2）		277.55						

绿色建筑技术措施运用情况		
序号	绿色建筑技术措施	备注
1	项目选址符合所在地城乡规划，且符合各类保护区、文物古迹保护的建设控制要求	
2	场地无洪涝、滑坡、泥石流等自然灾害的威胁，无危险化学品、易燃易爆危险源的威胁，无电磁辐射、含氡土壤等危害	
3	建筑规划布局满足日照标准，未降低周边建筑的日照标准	

续表

绿色建筑技术措施运用情况		
序号	绿色建筑技术措施	备注
4	合理开发利用地下空间	
5	场地与公共交通设施具有便捷的联系	
6	充分考虑建筑周边、广场、道路、停车场的绿化和遮阴，绿地率高于国家及相关地区标准	
7	绿化物种选择适宜当地气候和土壤条件的乡土植物，且采用包含乔、灌木的复层 绿化，减少单纯的草坪绿化	设置屋顶绿化
8	场地内无严重污染空气环境的污染源	
9	场地环境噪声符合现行国家标准《声环境质量标准》GB 3096 的规定	
10	道路和地面停车场采用透水地面	室外透水地面面积比为 41.87%
11	围护结构热工性能指标优于现行国家和地方公共建筑节能标准的规定	
12	空调采暖系统的冷热源机组能效比符合国家和地方公共建筑节能标准的有关规定	
13	建筑采暖与空调热源选择，符合现行国家标准《公共建筑节能设计标准》GB 50189 的规定	
14	照明采用高效光源和高效灯具或采取其他节能控制措施	
15	冷热源、输配系统和照明等各部分能耗进行独立分项计量	
16	建筑总平面设计有利于冬季日照并避开主导风向，夏季则利于自然通风；建筑主朝向选择本地区最佳朝向或接近最佳朝向	
17	建筑外窗可开启面积不小于外窗总面积的 30%，建筑幕墙具有可开启部分或设有通风换气装置	
18	建筑外窗的气密性符合现行国家标准《建筑外门窗气密、水密、抗风压性能检测方法》GB/T 7106 的要求	
19	采用适宜的蓄冷蓄热技术和新型节能的空气调节方式	采用定风量全空气低速送风系统、变风量（VAV）空调系统、风机盘管 + 新风系统、变制冷剂流量多联分体式空调系统
20	采取切实有效的热回收措施，设计为可以直接利用室外新风的空调系统	采用空调机组、新风机组热回收器的全热回收效率 η 不低于 60%
21	通风空调系统在建筑部分负荷和部分空间利用时不降低能源利用效率	
22	风机的单位风量耗功率和冷热水系统的输送能效比符合现行国家标准《公共建筑节能设计标准》GB 50189 的规定	
23	采用太阳能、地热、风能等可再生能源利用技术	利用太阳能光伏发电
24	楼宇自控系统功能完善，各子系统均能实现自动检测与控制	采用智能照明控制系统及扶梯自动启停、变频调速等系统

续表

绿色建筑技术措施运用情况		
序号	绿色建筑技术措施	备注
25	根据建筑类型、气候条件、用水习惯等制订水系统规划方案，统筹考虑传统与非传统水源的利用，降低用水定额	
26	设置完善的供水系统，水质达到国家或行业规定的标准，且水压稳定、可靠	
27	管材、管道附件及设备等供水设施的选取和运行不对供水造成二次污染，并设置用水计量仪表和采取有效措施防止和检测管道渗漏	
28	采用节水器具	
29	合理使用非传统水源	采用雨水经回收处理达标后用于绿化灌溉、道路冲洗和地下车库的冲洗用水，非传统水源利用率为 18.40%
30	采用微灌、渗灌、低压管灌等绿化灌溉方式，与传统方法相比节水率不低于 10%	采用节水喷灌
31	优先采用雨水和再生水进行灌溉	绿化浇灌用水采用经处理后的雨水，经反冲洗、净化等处理措施后，用于项目全区的绿化浇灌
32	使用耐久性好的建筑材料，如高强度钢、高性能混凝土等	采用高耐久性混凝土及耐候型防腐涂料
33	土建工程与装修工程一体化设计	
34	采用中央空调的建筑，房间内的温度、湿度、风速等参数满足设计要求	
35	在室内设计温、湿度条件下，建筑围护结构内表面未结露	
36	采用中央空调的建筑，新风量符合标准要求且新风采气口的设置能保证所吸入的空气为室外新鲜空气	
37	建筑外窗的隔声性能达到现行国家标准《建筑门窗空气声隔声性能分级及检测方法》GB/T 8485 的要求	
38	建筑室内采光满足现行国家标准《建筑采光设计标准》GB 50033 的要求	
39	建筑室内照明数量和质量满足现行国家标准《建筑照明设计标准》GB 50034 的要求	
40	合理进行建筑平面布局和空间功能安排，减少相邻空间的噪声干扰以及外界噪声对室内的影响	采用能独立开启的、可进行温湿度调节的空调末端
41	主要功能房间的外墙、隔墙、楼板和门窗的隔声性能满足现行国家标准《民用建筑隔声设计规范》GB 50118 的要求	采用浮筑楼板
42	建筑设计和构造设计采取诱导气流、促进自然通风的措施	
43	建筑 75% 以上的空间可根据需要实现自然采光	采用光导照明部位平均采光系数大于 0.5%、地下室面积大于 5%
44	建筑入口和主要活动空间有无障碍设计	
45	设置室内空气质量监控系统，保证健康舒适的室内环境	对室内 CO_2 浓度进行监测并与通风系统联动
46	采用智能化手段进行系统运行状况的数据计量	采用能耗监测系统
47	应用 BIM 技术	规划设计、施工、运营阶段应用 BIM 技术，实现数据共享并协同工作

2.7 教育建筑

2.7.1 某培训楼（二星级）增量造价指标

项目概况			
建筑类型	教育建筑	绿色建筑标识评价等级	设计标识
绿色建筑幢数、层数	共1幢，层数：8层		二星级
绿色建筑建筑面积（m^2）	13 380.70	总建筑面积（m^2）	13 380.70
绿色建筑地下建筑面积（m^2）	598.00	结构类型	框架
绿色建筑地上建筑面积（m^2）	12 782.70	最大建筑高度（m）	31.50
绿色建筑增量造价指标（元/m^2）	118.42		

绿色建筑技术措施造价构成									
序号	绿色技术工艺						传统技术工艺		增量（元）
	项目		总价（元）	单位	单位造价	备注	项目	总价（元）	
1	土壤氡气检测	检测数：16 ~ 96点	5 220.00	元/点位	261.00	—	—	0.00	5 220.00
2	屋顶绿化	轻型屋面覆土厚度300 ~ 600mm	374 619.00	元/m^2	445.34	单位造价按屋顶绿化面积计	无绿化，普通防水卷材	37 853.90	336 765.10
3	节能与能源综合利用	热回收新风机组	74 523.00	元/（m^3/h）	4.84	—	普通新风机组	39 036.00	35 487.00
4		地源热泵系统	337 585.00	元/m^2	492.11	单位造价按制冷（热）面积计	普通水冷空调系统	240 100.00	97 485.00
5		水源热泵系统	241 869.00	元/m^2	352.58	单位造价按制冷（热）面积计	普通水冷空调系统	205 800.00	36 069.00
6		太阳能热水系统	256 628.00	元/m^2	19.18	单位造价按绿色建筑面积计	电热水器	204 814.81	51 813.19
7	雨水回收利用	模块蓄水池	366 018.00	元/套	366 018.00	—	—	0.00	366 018.00
8	节水灌溉	喷灌	40 335.69	元/m^2	11.50	单位造价按喷灌覆盖面积计	人工浇灌	21 044.71	19 290.98
9	节水器具	用水效率不低于2级	152 533.00	元/m^2	11.40	单位造价按绿色建筑面积计	普通器具	138 271.00	14 262.00

续表

绿色建筑技术措施造价构成									
序号	绿色技术工艺						传统技术工艺		增量（元）
	项目		总价（元）	单位	单位造价	备注	项目	总价（元）	
10	可调节遮阳	活动机翼遮阳	88 338.00	元 /m²	1 003.84	单位造价按遮阳面积计	—	0.00	88 338.00
11		中置百叶遮阳	180 104.00	元 /m²	1 200.69	单位造价按遮阳面积计	中空玻璃窗	99 777.62	80 326.38
12	光导照明	平均采光系数大于0.5%、地下室面积大于5%	15 298.00	元 / 套	2 549.67	—	—	0.00	15 298.00
13	室内空气质量监测	对室内 CO_2 浓度进行监测并与通风系统联动	188 195.80	元 / 点位	2 895.32	—	—	0.00	188 195.80
14	绿色建筑设计、咨询、认证全过程	公共建筑二星级	250 000.00	元 / 项目	250 000.00	—	—	0.00	250 000.00
15	绿色建筑技术措施造价合计		2 571 266.49	—	—	—	—	986 698.04	1 584 568.45
16	绿色建筑增量造价指标（元 /m²）		118.42						

绿色建筑技术措施运用情况		
序号	绿色建筑技术措施	备注
1	项目选址符合所在地城乡规划，符合各类保护区、文物古迹保护的建设控制要求	
2	场地无洪涝、滑坡、泥石流等自然灾害的威胁，无危险化学品、易燃易爆危险源的威胁，无电磁辐射、含氡土壤等危害	
3	场地内无有排放超标的污染源	
4	建筑规划布局满足日照标准，未降低周边建筑的日照标准	
5	节约集约利用土地	
6	场地内合理设置绿化用地	采用屋顶绿化
7	合理开发利用地下空间	
8	建筑及照明设计避免产生光污染	
9	场地内环境噪声符合现行国家标准《声环境质量标准》GB 3096 的有关规定	
10	场地内风环境有利于室外行走、活动舒适和建筑的自然通风	
11	采取措施降低热岛强度	

续表

绿色建筑技术措施运用情况		
序号	绿色建筑技术措施	备注
12	场地与公共交通设施具有便捷的联系	
13	场地内人行通道采用无障碍设计	
14	合理设置停车场所	
15	提供便利的公共服务	
16	充分利用场地空间，合理设置绿色雨水基础设施	
17	合理规划地表与屋面雨水径流，对场地雨水实施外排总量控制	
18	合理选择绿化方式	
19	建筑设计符合国家现行有关节能标准中强制性条文的规定	
20	不采用电直接加热设备作为供暖空调系统的供暖热源和空气加湿热源	
21	冷热源、输配系统和照明等各部分能耗进行独立分项计量	
22	各房间或场所的照明功率密度值不高于现行国家标准《建筑照明设计标准》GB 50034 中的现行值规定	
23	结合场地自然条件，对建筑的体形、朝向、楼距、窗墙比等进行优化设计	
24	外窗、玻璃幕墙的可开启部分能使建筑获得良好的通风	
25	采取措施降低过渡季节供暖、通风与空调系统能耗	采用溶液调湿新风机组和水源热泵新风机组负责新风/排风全热回收，以降低能耗
26	采取措施降低部分负荷、部分空间使用下的供暖、通风与空调系统能耗	一层食堂及二层活动中心采用溶液调湿全空气新风机组，小房间为溶液调湿新风机组+干式风机盘管，三层宾馆为水环式系统，三层以上宾馆采用分体空调
27	走廊、楼梯间、门厅、大堂、大空间等场所的照明系统采取分区、定时、感应等节能控制措施	
28	照明功率密度值达到现行国家标准《建筑照明设计标准》GB 50034 中的目标值规定	
29	合理选用节能型电气设备	
30	根据当地气候和自然资源条件，合理利用可再生能源	屋面设置太阳能+空气源热泵设备供应师生餐厅厨房和客房内热水
31	制订水资源利用方案，统筹各种水资源	
32	给排水系统设置合理、完善、安全	
33	采用节水器具	
34	采取有效措施避免管网漏损	
35	给水系统无超压出流现象	
36	设置用水计量装置	
37	使用用水效率等级较高的卫生器具	采用符合国家现行标准的节水器具，用水效率等级不低于2级

续表

绿色建筑技术措施运用情况		
序号	绿色建筑技术措施	备注
38	绿化灌溉采用节水灌溉方式	采用雨水回收系统内的水源
39	空调设备或系统采用节水冷却技术	
40	合理使用非传统水源	对雨水回收系统内的水源进行净化过滤后用于绿化、洗车、水景等二次利用
41	冷却水补水采用非传统水源	未采用冷却塔系统
42	结合雨水利用设施进行景观水体设计，景观水体利用雨水的补水量大于其水体蒸发量的 60%，且采用生态水处理技术保障水体水质	水景内采用雨水回收系统处理后的水源
43	未采用国家和地方禁止、限制使用的建筑材料及制品	
44	混凝土结构中梁、柱纵向受力普通钢筋采用不低于 400MPa 级的热轧带肋钢筋	
45	建筑造型要素简约，且无大量装饰性构件	
46	择优选用建筑形体	
47	对地基基础、结构体系、结构构件进行优化设计，达到节材效果	
48	现浇混凝土采用预拌混凝土	
49	建筑砂浆采用预拌砂浆	
50	合理采用高强建筑结构材料	
51	主要功能房间的室内噪声级满足现行国家标准《民用建筑隔声设计规范》GB 50118 中的低限要求	
52	主要功能房间的外墙、隔墙、楼板和门窗的隔声性能满足现行国家标准《民用建筑隔声设计规范》GB 50118 中的低限要求	
53	建筑照明数量和质量符合现行国家标准《建筑照明设计标准》GB 50034 的规定	
54	采用集中供暖空调系统的建筑，房间内温度、湿新风量等设计参数符合现行国家标准《民用建筑供暖通风与空气调节设计规范》GB 50736 的规定	
55	在室内设计温、湿度条件下，建筑围护结构内表面未结露	
56	屋顶和东、西外墙隔热性能满足现行国家标准《民用建筑热工设计规范》GB 50176 的要求	
57	室内空气中的氨、甲醛、苯、总挥发性有机物、氡等污染物浓度符合现行国家标准《室内空气质量标准》GB/T 18883 的有关规定	
58	采取减少噪声干扰的措施	
59	建筑主要功能房间具有良好的户外视野	
60	主要功能房间的采光系数满足现行国家标准《建筑采光设计标准》GB 50033 的要求	采用光导照明，平均采光系数大于 0.5%、地下室面积大于 5%
61	采取可调节遮阳措施，降低夏季太阳辐射得热	采用活动机翼遮阳及中置百叶遮阳
62	优化建筑空间、平面布局和构造设计，改善自然通风效果	
63	气流组织合理	
64	主要功能房间中人员密度较高且随时间变化大的区域设置室内空气质量监控系统	对室内 CO_2 浓度进行监测并与通风系统联动

2.7.2 某小学项目（三星级）增量造价指标

项目概况			
建筑类型	教育建筑	绿色建筑标识评价等级	设计标识
绿色建筑幢数、层数	共 1 幢，层数：4 层		三星级
绿色建筑建筑面积（m^2）	44 958.00	总建筑面积（m^2）	44 958.00
绿色建筑地下建筑面积（m^2）	10 987.00	结构类型	框架
绿色建筑地上建筑面积（m^2）	33 971.00	最大建筑高度（m）	16.55
绿色建筑增量造价指标（元 /m^2）	292.80		

绿色建筑技术措施造价构成									
序号	绿色技术工艺						传统技术工艺		增量（元）
	项目		总价（元）	单位	单位造价	备注	项目	总价（元）	
1	海绵城市	10mm 厚彩色压印混凝土艺术地坪（蓝紫色）	67 365.00	元 /m^2	125.47	单位造价按铺装面积计	普通混凝土（120mm 厚混凝土）	42 952.00	24 413.00
2	海绵城市	改性透水沥青（50mm 厚沥青面层）	1 010 868.00	元 /m^2	130.00	单位造价按铺装面积计	普通沥青（50mm 厚沥青面层）	655 658.50	355 209.50
3	土壤氡气检测	检测数：16 ~ 96 点	8 000.00	元 / 点位	200.00	—	—	0.00	8 000.00
4	垂直绿化	传统型或传统辅助型：攀缘植物和垂吊植物	3 254 041.00	元 /m^2	100.00	单位造价按垂直绿化面积计	—	0.00	3 254 041.00
5	垂直绿化	装配式种植模块钢结构层作为主龙骨，用塑料模块安置绿化苗木	348 840.00	元 /m^2	2 280.00	单位造价按垂直绿化面积计	—	0.00	348 840.00

续表

绿色建筑技术措施造价构成									
序号	绿色技术工艺						传统技术工艺		增量（元）
	项目		总价（元）	单位	单位造价	备注	项目	总价（元）	
6	围护结构热工性能指标	比现行节能标准提高5%	7 347 415.00	元 /m^2	123.42	单位造价按外墙保温面积计	现行节能标准要求	6 575 936.43	771 478.57
7	智能照明控制系统	分区、定时、感应：照度、照明密度	317 661.00	元 / 回路	1 381.13	—	—	0.00	317 661.00
8	电梯、自动扶梯节能控制系统	扶梯自动启停、变频调速等	50 000.00	元 / 部	50 000.00	—	—	0.00	50 000.00
9	节能与能源综合利用	热回收新风机组	275 165.10	元 /（m^3/h）	5.00	—	普通新风机组	101 913.00	173 252.10
10		地源热泵系统	15 682 712.15	元 /m^2	450.00	单位造价按制冷（热）面积计	普通水冷空调系统	10 629 393.79	5 053 318.36
11	雨水回收利用	模块蓄水池	564 843.00	元 / 套	282 421.50	—	—	0.00	564 843.00
12	节水灌溉	喷灌	216 970.00	元 /m^2	14.23	单位造价按喷灌覆盖面积计	人工浇灌	91 484.19	125 485.81
13		微灌、滴灌	40 563.00	元 /m	40.56	—	—	0.00	40 563.00
14	节水器具	用水效率不低于 2 级	376 826.00	元 /m^2	17.28	单位造价按绿色建筑面积计	普通器具	335 375.00	41 451.00
15	用水计量	按用途设置	14 103.00	元 / 套	470.10	—	—	0.00	14 103.00
16	屋面	安全玻璃采光屋面（圆形屋面可移动）	240 000.00	元 /m^2	1 900.00	单位造价按屋面采光面积计	混凝土屋面	37 680.00	202 320.00
17	可调节遮阳	织物卷帘外遮阳	192 000.00	元 /m^2	230.00	单位造价按遮阳面积计	—	0.00	192 000.00

续表

绿色建筑技术措施造价构成

序号	绿色技术工艺						传统技术工艺		增量（元）
	项目		总价（元）	单位	单位造价	备注	项目	总价（元）	
18	室内空气质量监测	对室内 CO_2 浓度进行监测并与通风系统联动	455 035.00	元 / 点位	3 013.48	—	—	0.00	455 035.00
19	地下室空气质量监测	在地下车库设置 CO 浓度监测装置且与排风设备联动	11 596.00	元 / 点位	3 865.33	—	—	0.00	11 596.00
20	能耗监测	能耗监测系统	760 000.00	元 / 点位	5 000.00	—	—	0.00	760 000.00
21	绿色建筑设计、咨询、认证全过程	公共建筑三星级	400 000.00	元 / 项目	400 000.00	—	—	0.00	400 000.00
22	绿色建筑技术措施造价合计		31 634 003.25	—	—	—	—	18 470 392.91	13 163 610.34
23	绿色建筑增量造价指标（元 /m^2）		292.80						

绿色建筑技术措施运用情况

序号	绿色建筑技术措施	备注
1	项目选址符合所在地城乡规划，符合各类保护区、文物古迹保护的建设控制要求	
2	场地无洪涝、滑坡、泥石流等自然灾害的威胁，无危险化学品、易燃易爆危险源的威胁，无电磁辐射、含氡土壤等危害	
3	场地内无排放超标的污染源	
4	建筑规划布局满足日照标准，未降低周边建筑的日照标准	
5	节约集约利用土地	
6	场地内合理设置绿化用地	绿地率 23.23%，设置屋顶绿化，垂直绿化
7	合理开发利用地下空间	
8	建筑及照明设计避免产生光污染	

续表

绿色建筑技术措施运用情况		
序号	绿色建筑技术措施	备注
9	场地内环境噪声符合现行国家标准《声环境质量标准》GB 3096 的有关规定	
10	场地内风环境有利于室外行走、活动舒适和建筑的自然通风	
11	采取措施降低热岛强度	
12	场地与公共交通设施具有便捷的联系	
13	场地内人行通道采用无障碍设计	
14	合理设置停车场所	
15	提供便利的公共服务	
16	充分利用场地空间，合理设置绿色雨水基础设施，对大于 $10hm^2$ 的场地进行雨水专项规划设计	
17	合理规划地表与屋面雨水径流，对场地雨水实施外排总量控制	采用透水铺装，场地年径流总量控制率大于 70%
18	合理选择绿化方式，科学配置绿化植物	
19	建筑设计符合国家现行有关节能标准中强制性条文的规定	
20	不采用电直接加热设备作为供暖空调系统的供暖热源和空气加湿热源	
21	冷热源、输配系统和照明等各部分能耗进行独立分项计量	
22	各房间或场所的照明功率密度值不高于现行国家标准《建筑照明设计标准》GB 50034 中的现行值规定	
23	结合场地自然条件，对建筑的体形、朝向、楼距、窗墙比等进行优化设计	
24	外窗、玻璃幕墙的可开启部分能使建筑获得良好的通风	
25	围护结构热工性能指标优于国家现行有关建筑节能设计标准的规定	
26	供暖空调系统的冷热源机组能效均优于现行国家标准《公共建筑节能设计标准》GB 50189 的规定以及国家现行有关标准能效限定值的要求	
27	集中供暖系统热水循环泵的耗电输热比和通风空调系统风机的单位风量耗功率符合现行国家标准《公共建筑节能设计标准》GB 50189 等的有关规定，且空调冷热水系统循环水泵的耗电输冷（热）比较现行国家标准《民用建筑供暖通风与空气调节设计规范》GB 50736 规定值低 20%	
28	采取措施降低过渡季节供暖、通风与空调系统能耗	采用变制冷剂流量多联式空调系统，其他未设置空调的区域全部采用电扇
29	采取措施降低部分负荷、部分空间使用下的供暖、通风与空调系统能耗	采用变制冷剂流量多联式空调系统，其他未设置空调的区域全部采用电扇

续表

绿色建筑技术措施运用情况		
序号	绿色建筑技术措施	备注
30	走廊、楼梯间、门厅、大堂、大空间、地下停车场等场所的照明系统采取分区、定时、感应等节能控制措施	照明系统采用节能控制（感应）
31	照明功率密度值达到现行国家标准《建筑照明设计标准》GB 50034 中规定的目标值	
32	合理选用电梯和自动扶梯，并采取电梯群控、扶梯自动启停等节能控制措施	电梯采用群控节能控制措施
33	合理选用节能型电气设备	
34	排风能量回收系统设计合理并运行可靠	宿舍楼、1 ~ 3层食堂、教学楼采用全热交换新风换气机，全热效率大于60%
35	根据当地气候和自然资源条件，合理利用可再生能源	
36	制订水资源利用方案，统筹各种水资源	
37	给排水系统设置合理、完善、安全	
38	采用节水器具	
39	采取有效措施避免管网漏损	
40	给水系统无超压出流现象	
41	设置用水计量装置	按使用用途和管理收费单元分别设置用水计量装置
42	使用用水效率等级较高的卫生器具	采用符合国家现行标准的节水器具，用水效率等级不低于2级
43	绿化灌溉采用节水灌溉方式	采用节水灌溉措施，喷灌、微灌相结合
44	空调设备或系统采用节水冷却技术	采用分体空调及风冷式多联机
45	冷却水补水使用非传统水源	建筑无冷却水补水系统
46	结合雨水利用设施进行景观水体设计，景观水体利用雨水的补水量大于其水体蒸发量的60%，且采用生态水处理技术保障水体水质	景观水体利用回收的雨水补水，并采用生态水处理技术保障水体水质；水体中种植多种水生植物，在满足景观效果的同时能净化水体
47	未采用国家和地方禁止、限制使用的建筑材料及制品	
48	混凝土结构中梁、柱纵向受力普通钢筋采用不低于400MPa级的热轧带肋钢筋	
49	建筑造型要素简约，且无大量装饰性构件	
50	择优选用建筑形体	
51	土建工程与装修工程一体化设计	
52	现浇混凝土采用预拌混凝土	
53	建筑砂浆采用预拌砂浆	

续表

绿色建筑技术措施运用情况		
序号	绿色建筑技术措施	备注
54	合理采用高强建筑结构材料	
55	合理采用高耐久性建筑结构材料	
56	主要功能房间的室内噪声级满足现行国家标准《民用建筑隔声设计规范》GB 50 118 中的低限要求	
57	主要功能房间的外墙、隔墙、楼板和门窗的隔声性能满足现行国家标准《民用建筑隔声设计规范》GB 50118 中的低限要求	
58	建筑照明数量和质量符合现行国家标准《建筑照明设计标准》GB 50034 的规定	
59	采用集中供暖空调系统的建筑，房间内的温度、湿度、新风量等设计参数符合现行国家标准《民用建筑供暖通风与空气调节设计规范》GB 50736 的规定	
60	在室内设计温、湿度条件下，建筑围护结构内表面未结露	
61	屋顶和东、西外墙隔热性能满足现行国家标准《民用建筑热工设计规范》GB 50176 的要求	
62	室内空气中的氨、甲醛、苯、总挥发性有机物、氡等污染物浓度符合现行国家标准《室内空气质量标准》GB/T 18883 的有关规定	
63	主要功能房间的隔声性能良好	
64	采取减少噪声干扰的措施	
65	公共建筑中的多功能厅、接待大厅、大型会议室和其他有声学要求的重要房间进行专项声学设计，满足相应功能要求	
66	建筑主要功能房间具有良好的户外视野	
67	主要功能房间的采光系数满足现行国家标准《建筑采光设计标准》GB 50033 的要求	
68	改善建筑室内天然采光效果	采用采光屋面（圆形屋面可移动）
69	采取可调节遮阳措施，降低夏季太阳辐射得热	采用金属卷帘外遮阳
70	优化建筑空间、平面布局和构造设计，改善自然通风效果	
71	气流组织合理	
72	主要功能房间中人员密度较高且随时间变化大的区域设置室内空气质量监控系统	对室内 CO_2 浓度进行监测并与通风系统联动
73	地下车库设置与排风设备联动的 CO 浓度监测装置	
74	智能化系统的运行效果满足建筑运行与管理的需要	整个建筑设置了能效管理系统，通过采集建筑内部各用能系统的能耗和运行信息，形成能耗的分类、分项、分区域统计分析，实现能源管理数据的“可视化”，从而找出能耗盲点，挖掘节能潜力，达到节能目标

2.8 体育建筑

2.8.1 某体育项目（二星级）增量造价指标

项目概况			
建筑类型	体育建筑	绿色建筑标识评价等级	设计标识
绿色建筑幢数、层数	共 2 幢，层数：3 层		二星级
绿色建筑建筑面积（m^2）	80 111.98	总建筑面积（m^2）	80 111.98
绿色建筑地下建筑面积（m^2）	24 181.09	结构类型	框架－剪力墙、钢结构（外罩）
绿色建筑地上建筑面积（m^2）	55 930.89	最大建筑高度（m）	体育馆建筑高度 26.10m，游泳馆地上建筑高度为 24.85m
绿色建筑增量造价指标（元 /m^2）	91.29		

绿色建筑技术措施造价构成									
序号	绿色技术工艺						传统技术工艺		增量（元）
	项目		总价（元）	单位	单位造价	备注	项目	总价（元）	
1	土壤氡气检测	检测数：96 ~ 320 点	22 000.00	元 / 点位	100.00	—	—	0.00	22 000.00
2	智能照明控制系统	分区、定时、感应：照度、照明密度	149 008.00	元 / 回路	1 241.73	—	—	0.00	149 008.00
3	电梯、自动扶梯节能控制系统	扶梯自动启停、变频调速等	124 000.00	元 / 部	41 333.33	—	—	0.00	124 000.00
4	节能与能源综合利用	热回收新风机组	172 560.00	元 /（m^3/h）	4.80	—	普通新风机组	71 900.00	100 660.00
5	采用高耐久性建筑结构材料	高耐久性混凝土	10 308 289.10	元 /m^3	888.36	—	普通混凝土	6 962 218.46	3 346 070.64
6		耐候型防腐涂料	4 631 172.00	元 /m^2	90.00	单位造价按耐候型防腐涂料面积计	普通防腐涂料	1 926 234.40	2 704 937.60
7	屋面	安全玻璃采光屋面	642 651.54	元 /m^2	900.00	单位造价按屋面采光面积计	混凝土屋面	255 873.00	386 778.54
8	室内声环境优化	墙面隔声装置	197 631.00	元 /m^2	250.00	单位造价按铺设面积计	普通做法	79 052.40	118 578.60
9	室内空气质量监测	对室内 CO_2 浓度进行监测并与通风系统联动	96 000.00	元 / 点位	2 000.00	—	—	0.00	96 000.00

续表

绿色建筑技术措施造价构成								
序号	绿色技术工艺					传统技术工艺		增量（元）
	项目	总价（元）	单位	单位造价	备注	项目	总价（元）	
10	绿色建筑设计、咨询、认证全过程　公共建筑二星级	265 700.00	元 / 项目	265 700.00	—	—	0.00	265 700.00
11	绿色建筑技术措施造价合计	16 609 011.64	—	—	—	—	9 295 278.26	7 313 733.38
12	绿色建筑增量造价指标（元 /m²）	91.29						

绿色建筑技术措施运用情况		
序号	绿色建筑技术措施	备注
1	项目选址符合所在地城乡规划，且符合各类保护区、文物古迹保护的建设控制要求	
2	场地无洪涝、滑坡、泥石流等自然灾害的威胁，无危险化学品、易燃易爆危险源的威胁，无电磁辐射、含氡土壤等危害	
3	建筑规划布局满足日照标准，未降低周边建筑的日照标准	
4	合理开发利用地下空间	
5	场地与公共交通设施具有便捷的联系	
6	充分考虑建筑周边、广场、道路、停车场的绿化和遮阴，绿地率高于国家及相关地区标准	
7	绿化物种选择适宜当地气候和土壤条件的乡土植物，且采用包含乔、灌木的复层绿化，减少单纯的草坪绿化	
8	场地内无严重污染空气环境的污染源	
9	场地环境噪声符合现行国家标准《声环境质量标准》GB 3096 的规定	
10	围护结构热工性能指标符合现行国家和地方公共建筑节能标准的规定	
11	空调采暖系统的冷热源机组能效比符合国家和地方公共建筑节能标准的有关规定	
12	建筑采暖与空调热源选择，符合现行国家标准《公共建筑节能设计标准》GB 50189 的规定	
13	照明采用高效光源和高效灯具或采取其他节能控制措施	
14	冷热源、输配系统和照明等各部分能耗进行独立分项计量	
15	建筑总平面设计有利于冬季日照并避开主导风向，夏季则利于自然通风。建筑主朝向选择本地区最佳朝向或接近最佳朝向	
16	建筑外窗可开启面积不小于外窗总面积的 30%，建筑幕墙具有可开启部分或设有通风换气装置	
17	建筑外窗的气密性符合现行国家标准《建筑外门窗气密、水密、抗风压性能检测方法》GB/T 7106 的要求	
18	采用适宜的蓄冷蓄热技术和新型节能的空气调节方式	体育馆比赛大厅、游泳馆比赛池区采用单风管定风量全空气低速空调系统，空调机组为双风机空调箱
19	采取切实有效的热回收措施，设计为可以直接利用室外新风的空调系统	体育馆和游泳馆各式辅助用房等小空间用房采用风机盘管 + 新、排风全热交换器，新风和排风经过热交换器进行能量交换，回收冷热量，热回收率不低于 60%

续表

绿色建筑技术措施运用情况		
序号	绿色建筑技术措施	备注
20	通风空调系统在建筑部分负荷和部分空间利用时不降低能源利用效率	部分负荷运行时，通过制冷系统水量调节及空调机组开启数量、风量大小等措施节约通风空调系统能耗
21	风机的单位风量耗功率和冷热水系统的输送能效比符合现行国家标准《公共建筑节能设计标准》GB 50189 的规定	
22	采用太阳能、地热、风能等可再生能源利用技术	
23	楼宇自控系统功能完善，各子系统均能实现自动检测与控制	采用智能照明控制系统及扶梯自动启停、变频调速等系统
24	根据建筑类型、气候条件、用水习惯等制订水系统规划方案，统筹考虑传统与非传统水源的利用，降低用水定额	
25	设置完善的供水系统，水质达到国家或行业规定的标准，且水压稳定、可靠	
26	管材、管道附件及设备等供水设施的选取和运行不对供水造成二次污染，并设置用水计量仪表和采取有效措施防止和检测管道渗漏	
27	采用节水器具	
28	合理使用非传统水源	
29	采用微灌、渗灌、低压管灌等绿化灌溉方式，与传统方法相比节水率不低于 10%	采用节水喷灌、微喷灌
30	优先采用雨水和再生水进行灌溉	绿化浇灌采用非传统水源（新城再生水处理厂）
31	游泳池选用技术先进的循环水处理设备，采用节水和卫生的换水方式	游泳馆采用水循环系统
32	使用耐久性好的建筑材料，如高强度钢、高性能混凝土等	采用高耐久性混凝土及耐候型防腐涂料
33	土建工程与装修工程一体化设计	
34	采用中央空调的建筑，房间内的温度、湿度、风速等参数满足设计要求	
35	围护结构内表面未结露	
36	采用中央空调的建筑，新风量符合标准要求且新风采气口的设置能保证所吸入的空气为室外新鲜空气	
37	建筑外窗的隔声性能达到现行国家标准《建筑门窗空气声隔声性能分级及检测方法》GB/T 8485 的要求	
38	建筑室内采光满足现行国家标准《建筑采光设计标准》GB 50033 的要求	
39	建筑室内照明数量和质量满足现行国家标准《建筑照明设计标准》GB 50034 的要求	
40	合理进行建筑平面布局和空间功能安排，减少相邻空间的噪声干扰以及外界噪声对室内的影响	
41	主要功能房间的外墙、隔墙、楼板和门窗的隔声性能满足现行国家标准《民用建筑隔声设计规范》GB 50118 的要求	墙体、楼板采用隔声装置板
42	建筑设计和构造设计采取诱导气流、促进自然通风的措施	
43	建筑 75% 以上的空间可根据需要实现自然采光	设采光屋面
44	建筑入口和主要活动空间有无障碍设计	
45	设置室内空气质量监控系统，保证健康舒适的室内环境	对室内 CO_2 浓度进行监测并与通风系统联动
46	设备、管道的设置便于维修、改造和更换	
47	采用智能化手段进行系统运行状况的数据计量	

2.9 交通建筑

2.9.1 某客运中心（二星级）增量造价指标

项目概况			
建筑类型	交通建筑	绿色建筑标识评价等级	设计标识
绿色建筑幢数、层数	共 3 幢，层数：16 层		二星级
绿色建筑建筑面积（m^2）	65 408.77	总建筑面积（m^2）	65 408.77
绿色建筑地下建筑面积（m^2）	11 760.40	结构类型	框架－剪力墙
绿色建筑地上建筑面积（m^2）	53 648.37	最大建筑高度（m）	51.20
绿色建筑增量造价指标（元 /m^2）	81.72		

绿色建筑技术措施造价构成									
序号	绿色技术工艺						传统技术工艺		增量（元）
	项目		总价（元）	单位	单位造价	备注	项目	总价（元）	
1	屋顶绿化	轻型屋面覆土厚度 300 ~ 600mm	595 380.00	元 /m^2	300.00	单位造价按屋顶绿化面积计	无绿化，普通防水卷材	88 152.00	507 228.00
2	围护结构热工性能指标	比现行节能标准提高 5%	1 698 711.00	元 /m^2	82.14	单位造价按外墙保温面积计	现行节能标准要求	1 511 852.79	186 858.21
3	高效变频风机和水泵	变频装置	67 000.00	元 /kW	2 680.00	—	—	0.00	67 000.00
4	智能照明控制系统	分区、定时、感应：照度、照明密度	234 237.00	元 / 回路	1 463.98	—	—	0.00	234 237.00
5	电梯、自动扶梯节能控制系统	扶梯自动启停、变频调速等	236 718.00	元 / 部	47 343.60	—	—	0.00	236 718.00
6	节能与能源综合利用	热回收新风机组	928 933.20	元 /（m^3/h）	5.20	—	普通新风机组	357 282.00	571 651.20
7		太阳能热水系统	259 000.00	元 /m^2	3.96	单位造价按绿色建筑面积计	电热水器或者燃气热水器	194 250.00	64 750.00
8	雨水回收利用	模块蓄水池	1 453 465.00	元 / 套	290 693.00	—	—	0.00	1 453 465.00

续表

绿色建筑技术措施造价构成									
序号	绿色技术工艺						传统技术工艺		增量（元）
	项目		总价（元）	单位	单位造价	备注	项目	总价（元）	
9	节水器具	用水效率不低于 2 级	752 201.00	元 /m²	11.50	单位造价按绿色建筑面积计	普通器具	639 370.85	112 830.15
10	用水计量	按用途设置	129 300.00	元 / 套	517.20	—	—	0.00	129 300.00
11	采用高耐久性建筑结构材料	耐候型防腐涂料	2 008 318.00	元 /m²	120.00	单位造价按耐候型防腐涂料面积计	普通防腐涂料	1 004 159.00	1 004 159.00
12	室内空气质量监测	对室内 CO_2 浓度进行监测并与通风系统联动	556 092.00	元 / 点位	2 780.46	—	—	0.00	556 092.00
13	空气净化装置	空气净化器	20 781.40	元 / 台	20 781.40	—	—	0.00	20 781.40
14	绿色建筑设计、咨询、认证全过程	公共建筑二星级	200 000.00	元 / 项目	200 000.00	—	—	0.00	200 000.00
15	绿色建筑技术措施造价合计		9 140 136.60	—	—	—	—	3 795 066.64	5 345 069.96
16	绿色建筑增量造价指标（元 /m²）		81.72						

绿色建筑技术措施运用情况		
序号	绿色建筑技术措施	备注
1	项目选址符合所在地城乡规划，符合各类保护区、文物古迹保护的建设控制要求	
2	场地无洪涝、滑坡、泥石流等自然灾害的威胁，无危险化学品、易燃易爆危险源的威胁，无电磁辐射、含氡土壤等危害	
3	场地内无排放超标的污染源	
4	建筑规划布局满足日照标准，未降低周边建筑的日照标准	
5	场地内合理设置绿化用地	采用屋顶绿化
6	合理开发利用地下空间	
7	建筑及照明设计避免产生光污染	
8	场地内环境噪声符合现行国家标准《声环境质量标准》GB 3096 的有关规定	
9	场地内风环境有利于室外行走、活动舒适和建筑的自然通风	
10	采取措施降低热岛强度	

续表

绿色建筑技术措施运用情况		
序号	绿色建筑技术措施	备注
11	场地与公共交通设施具有便捷的联系	
12	场地内人行通道采用无障碍设计	
13	合理设置停车场所	
14	提供便利的公共服务	
15	充分利用场地空间，合理设置绿色雨水基础设施	
16	合理选择绿化方式	
17	建筑设计符合国家现行有关节能标准中强制性条文的规定	
18	不采用电直接加热设备作为供暖空调系统的供暖热源和空气加湿热源	
19	冷热源、输配系统和照明等各部分能耗进行独立分项计量	
20	各房间或场所的照明功率密度值不高于现行国家标准《建筑照明设计标准》GB 50034 中的现行值规定	
21	外窗、玻璃幕墙的可开启部分能使建筑获得良好的通风	
22	围护结构热工性能指标优于国家现行有关建筑节能设计标准的规定	围护结构热工性能指标比现行节能标准提高 5%
23	采取措施降低过渡季节供暖、通风与空调系统能耗	采用多联式（热泵）空调系统、家用分体空调机、风冷直膨式热回收型屋顶空调机组（风机变频）变风量全空气系统
24	采取措施降低部分负荷、部分空间使用下的供暖、通风与空调系统能耗	主站房二层换乘厅、候车厅区域采用风冷直膨式热回收型屋顶空调机组，过渡季节机组切换成全新风运行状态，节约能耗
25	走廊、楼梯间、门厅、大堂、大空间等场所的照明系统采取分区、定时、感应等节能控制措施	照明系统采用分区控制
26	照明功率密度值达到现行国家标准《建筑照明设计标准》GB 50034 中的目标值规定	
27	合理选用节能型电气设备	设电梯群控功能，扶梯采用自动启停等节能控制措施
28	根据当地气候和自然资源条件，合理利用可再生能源	采用空气源热泵辅助加热的太阳能热水系统，太阳能光伏发电系统
29	制订水资源利用方案，统筹各种水资源	
30	给排水系统设置合理、完善、安全	
31	采用节水器具	
32	采取有效措施避免管网漏损	
33	给水系统无超压出流现象	
34	设置用水计量装置	按使用用途和管理收费单元分别设置用水计量装置
35	公用浴室采取节水措施	

续表

绿色建筑技术措施运用情况		
序号	绿色建筑技术措施	备注
36	使用用水效率等级较高的卫生器具	采用符合国家现行标准的节水器具，用水效率等级不低于 2 级
37	空调设备或系统采用节水冷却技术	
38	合理使用非传统水源	绿化灌溉、道路冲洗、洗车用水采用非传统水源的用水量占其总用水量的比例不低于 80%
39	冷却水补水采用非传统水源	建筑无冷却水补水系统
40	结合雨水利用设施进行景观水体设计，景观水体利用雨水的补水量大于其水体蒸发量的 60%，且采用生态水处理技术保障水体水质	未设置水景
41	未采用国家和地方禁止、限制使用的建筑材料及制品	
42	混凝土结构中梁、柱纵向受力普通钢筋采用不低于 400MPa 级的热轧带肋钢筋	
43	建筑造型要素简约，且无大量装饰性构件	
44	择优选用建筑形体	
45	土建与装修工程一体化设计施工，不破坏和拆除已有的建筑构件及设施，避免重复装修	
46	现浇混凝土采用预拌混凝土	
47	建筑砂浆采用预拌砂浆	
48	合理采用高强建筑结构材料	
49	主要功能房间的室内噪声级应满足现行国家标准《民用建筑隔声设计规范》GB 50118 中的低限要求	
50	主要功能房间的外墙、隔墙、楼板和门窗的隔声性能满足现行国家标准《民用建筑隔声设计规范》GB 50118 中的低限要求	
51	建筑照明数量和质量符合现行国家标准《建筑照明设计标准》GB 50034 的规定	
52	采用集中供暖空调系统的建筑，房间内温度、湿新风量等设计参数符合现行国家标准《民用建筑供暖通风与空气调节设计规范》GB 50736 的规定	
53	在室内设计温、湿度条件下，建筑围护结构内表面未结露	
54	屋顶和东西外墙隔热性能满足现行国家标准《民用建筑热工设计规范》GB 50176 的要求	
55	室内空气中的氨、甲醛、苯、总挥发性有机物、氡等污染物浓度符合现行国家标准《室内空气质量标准》GB/T 18883 的有关规定	
56	采取减少噪声干扰的措施	
57	建筑主要功能房间具有良好的户外视野	
58	主要功能房间的采光系数满足现行国家标准《建筑采光设计标准》GB 50033 的要求	
59	改善建筑室内天然采光效果	
60	供暖空调系统末端现场可独立调节	
61	气流组织合理	在主要功能房间设置合适的空气净化装置
62	主要功能房间中人员密度较高且随时间变化大的区域设置室内空气质量监控系统	对室内 CO_2 浓度进行监测并与通风系统联动

2.9.2 某航站楼（三星级）增量造价指标

项目概况			
建筑类型	交通建筑	绿色建筑标识评价等级	设计标识
绿色建筑幢数、层数	共1幢，层数：4层		三星级
绿色建筑建筑面积（m^2）	170 534.00	总建筑面积（m^2）	170 534.00
绿色建筑地下建筑面积（m^2）	34 320.00	结构类型	框架－剪力墙
绿色建筑地上建筑面积（m^2）	136 214.00	最大建筑高度（m）	28.33
绿色建筑增量造价指标（元/m^2）	321.49		

绿色建筑技术项目造价构成									
序号	绿色技术工艺						传统技术工艺		增量（元）
	项目		总价（元）	单位	单位造价	备注	项目	总价（元）	
1	海绵城市	半透水砖（车载）（300mm×300mm×55mm）	889 390.00	元/m^2	160.00	单位造价按铺装面积计	普通砖	555 868.75	333 521.25
2	土壤氡气检测	检测数：16～96点	28 800.00	元/点位	300.00	—	—	0.00	28 800.00
3	屋顶绿化	轻型屋面覆土厚度300～600mm	13 076 544.00	元/m^2	480.00	单位造价按屋顶绿化面积计	无绿化，普通防水卷材	1 307 654.40	11 768 889.60
4	垂直绿化	传统型或传统辅助型：攀缘植物和垂吊植物	612 960.00	元/m^2	86.00	单位造价按垂直绿化面积计	—	0.00	612 960.00
5	围护结构热工性能指标	比现行节能标准提高5%	93 238 483.00	元/m^2	1 850	单位造价按幕墙面积计	现行节能标准要求	84 847 019.53	8 391 463.47
6	智能照明控制系统	分区、定时、感应：照度、照明密度	1 023 204.00	元/回路	1 350.00	—	—	0.00	1 023 204.00
7	电梯、自动扶梯节能控制系统	扶梯自动启停、变频调速等	1 643 209.00	元/部	36 515.00	—	—	0.00	1 643 209.00

续表

绿色建筑技术项目造价构成									
序号	绿色技术工艺						传统技术工艺		增量（元）
	项目		总价（元）	单位	单位造价	备注	项目	总价（元）	
8	节能与能源综合利用	热回收新风机组	2 451 358.00	元 /（m^3/h）	5.50	—	普通新风机组	1 247 964.07	1 203 393.93
9		蓄冷蓄热系统	19 585 139.00	元 /m^2	500.00	单位造价按制冷（热）面积计	普通水冷空调系统	12 338 637.57	7 246 501.43
10		水源热泵系统	27 035 351.00	元 /m^2	400.00	单位造价按制冷（热）面积计	普通水冷空调系统	21 628 280.80	5 407 070.20
11	雨水回收利用	模块蓄水池	260 040.00	元 / 套	260 040.00	—	—	0.00	260 040.00
12	节水灌溉	微灌、滴灌	18 900.00	元 /m	70.00	—	—	0.00	18 900.00
13	节水器具	用水效率不低于 2 级	3 400 447.96	元 /m^2	19.94	单位造价按绿色建筑面积计	普通器具	2 894 392.00	506 055.96
14	用水计量	按用途设置	448 504.72	元 / 套	690.01	—	—	0.00	448 504.72
15	可调节遮阳	金属卷帘外遮阳	12 698 400.00	元 /m^2	1 480.00	单位造价按遮阳面积计	—	0.00	12 698 400.00
16	光导照明	平均采光系数大于 0.5%、地下室面积大于 5%	960 000.00	元 / 套	4 800.00	—	—	0.00	960 000.00
17	地下室空气质量监测	在地下车库设置 CO 浓度监测装置且与排风设备联动	194 409.00	元 / 点位	2 160.10	—	—	0.00	194 409.00
18	能耗监测	能耗监测系统	1 729 693.00	元 / 点位	2 402.35	—	—	0.00	1 729 693.00
19	绿色建筑设计、咨询、认证全过程	公共建筑三星级	350 000.00	元 / 项目	350 000.00	—	—	0.00	350 000.00
20	绿色建筑技术措施造价合计		179 644 832.68	—	—	—	—	124 819 817.12	54 825 015.56
21	绿色建筑增量造价指标（元 /m^2）		321.49						

续表

绿色建筑技术措施运用情况		
序号	绿色建筑技术措施	备注
1	项目选址符合所在地城乡规划，符合各类保护区、文物古迹保护的建设控制要求	
2	场地无洪涝、滑坡、泥石流等自然灾害的威胁，无危险化学品、易燃易爆危险源的威胁，无电磁辐射、含氡土壤等危害	
3	场地内无排放超标的污染源	
4	建筑规划布局满足日照标准，未降低周边建筑的日照标准	
5	场地内合理设置绿化用地	
6	合理开发利用地下空间	
7	建筑及照明设计避免产生光污染	
8	场地内环境噪声符合现行国家标准《声环境质量标准》GB 3096 的有关规定	
9	场地内风环境有利于室外行走、活动舒适和建筑的自然通风	
10	采取措施降低热岛强度	
11	场地与公共交通设施具有便捷的联系	
12	场地内人行通道采用无障碍设计	
13	合理设置停车场所	
14	提供便利的公共服务	
15	充分利用场地空间，合理设置绿色雨水基础设施	
16	合理规划地表与屋面雨水径流，对场地雨水实施外排总量控制	采用透水铺装
17	建筑设计符合国家现行有关节能标准中强制性条文的规定	
18	不采用电直接加热设备作为供暖空调系统的供暖热源和空气加湿热源	
19	冷热源、输配系统和照明等各部分能耗进行独立分项计量	
20	各房间或场所的照明功率密度值不高于现行国家标准《建筑照明设计标准》GB 50034 中的现行值规定	
21	外窗、玻璃幕墙的可开启部分能使建筑获得良好的通风	
22	围护结构热工性能指标优于国家现行有关建筑节能设计标准的规定	
23	采取措施降低过渡季节供暖、通风与空调系统能耗	廊区空调的新风处理采用溶液调湿空调方法来降低室内湿度并承担部分室内热负荷，由此达到减少开启航站楼空调冷水机组的运行时数，提高空调系统整体运行能效的目的
24	采取措施降低部分负荷、部分空间使用下的供暖、通风与空调系统能耗	小型办公和商业用房与旅客大厅的空调期不同，考虑到使用和管理方便采用变冷媒流量多联空调系统、配套计费设备，综合性能系数（IPLV）≥ 3.20
25	走廊、楼梯间、门厅、大堂、大空间、地下停车场等场所的照明系统采取分区、定时、感应等节能控制措施	照明系统采用节能控制（感应）
26	照明功率密度值达到现行国家标准《建筑照明设计标准》GB 50034 中的目标值规定	

续表

绿色建筑技术措施运用情况		
序号	绿色建筑技术措施	备注
27	合理选用电梯和自动扶梯，并采取电梯群控、扶梯自动启停等节能控制措施	电梯采用群控节能控制措施
28	合理选用节能型电气设备	
29	制订水资源利用方案，统筹各种水资源	
30	给排水系统设置合理、完善、安全	
31	采用节水器具	
32	使用用水效率等级较高的卫生器具	采用符合国家现行标准的节水器具，用水效率等级不低于2级
33	绿化灌溉采用节水灌溉方式	绿化采用滴灌
34	空调设备或系统采用节水冷却技术	选用收水性能良好的冷却塔，控制冷却塔补水量在1.5%循环水量之内
35	合理使用非传统水源	屋面采用虹吸雨水系统，雨水收集至蓄水池（$100m^3$），经过滤等处理后达到中水水质，用于绿化和道路浇水
36	未采用国家和地方禁止、限制使用的建筑材料及制品	
37	混凝土结构中梁、柱纵向受力普通钢筋采用不低于400MPa级的热轧带肋钢筋	
38	建筑造型要素简约，且无大量装饰性构件	
39	现浇混凝土采用预拌混凝土	
40	建筑砂浆采用预拌砂浆	
41	主要功能房间的室内噪声级满足现行国家标准《民用建筑隔声设计规范》GB 50118中的低限要求	
42	主要功能房间的外墙、隔墙、楼板和门窗的隔声性能满足现行国家标准《民用建筑隔声设计规范》GB 50118中的低限要求	
43	建筑照明数量和质量符合现行国家标准《建筑照明设计标准》GB 50034的规定	
44	采用集中供暖空调系统的建筑，房间内温度、湿新风量等设计参数符合现行国家标准《民用建筑供暖通风与空气调节设计规范》GB 50736的规定	
45	在室内设计温、湿度条件下，建筑围护结构内表面未结露	
46	屋顶和东、西外墙隔热性能满足现行国家标准《民用建筑热工设计规范》GB 50176的要求	
47	室内空气中的氨、甲醛、苯、总挥发性有机物、氡等污染物浓度符合现行国家标准《室内空气质量标准》GB/T 18883的有关规定	
48	主要功能房间中人员密度较高且随时间变化大的区域设置室内空气质量监控系统	对室内CO_2浓度进行监测并与通风系统联动
49	地下车库设置与排风设备联动的CO浓度监测装置	
50	智能化系统的运行效果满足建筑运行与管理的需要	整个建筑设置了能效管理系统，通过采集建筑内部各用能系统的能耗和运行信息，形成能耗的分类、分项、分区域统计分析，实现能源管理数据的“可视化”，从而找出能耗盲点，挖掘节能潜力，达到节能目标

附录　绿色建筑技术措施相关图示

一、安全耐久

图1　耐候型防腐涂料

图2　高耐久型混凝土

图3　安全玻璃

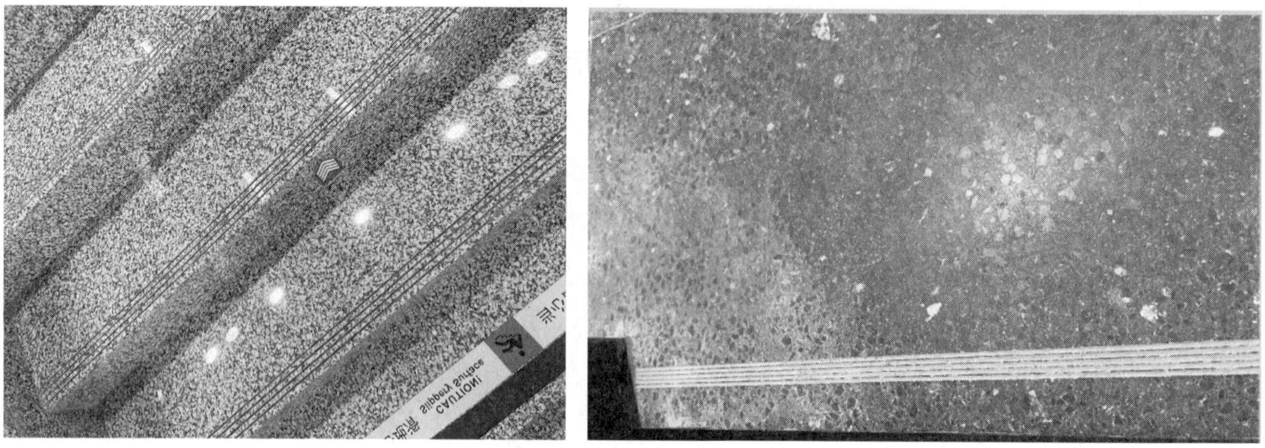

图 4　防滑措施

二、健 康 舒 适

图 5　可调节外遮阳板

图 6　中置百叶遮阳

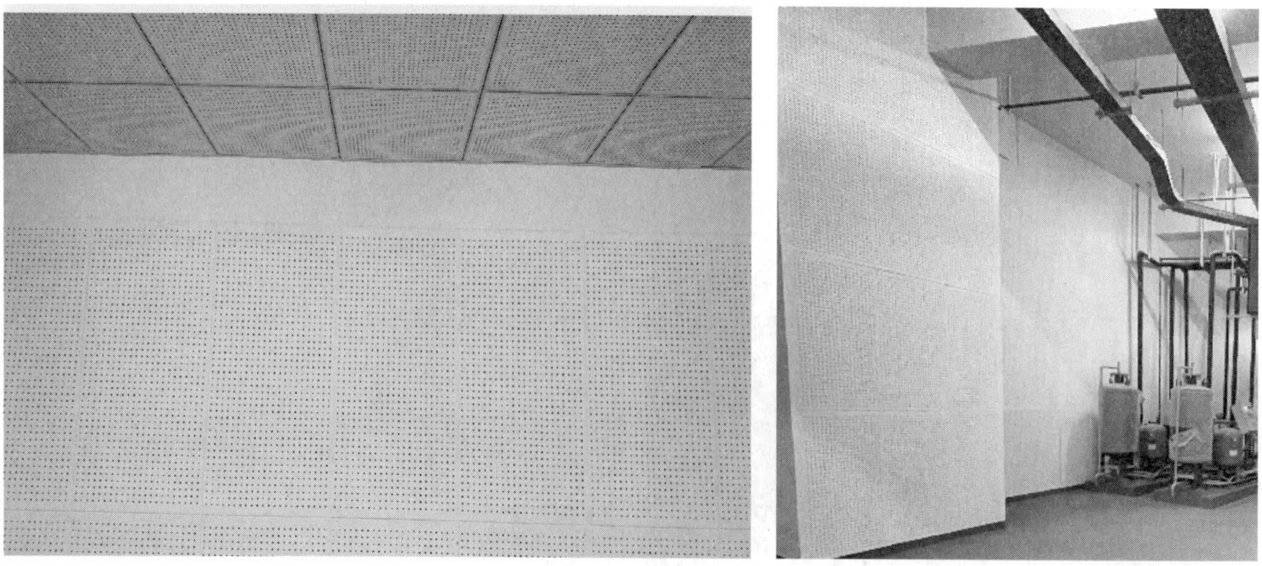

图 7　吸音墙

三、生活便利

图 8　专用健身慢行道

图 9　充电桩

四、资源节约

图 10　光导照明

图 11 透水铺装

图 12 喷灌

图 13 光伏发电系统

图 14　蓄冰槽

图 15　雨水回收

五、环 境 宜 居

图 16　屋顶绿化

图 17　垂直绿化

六、提高与创新

图 18　预制装配式构件

图 19　BIM 技术应用